W0188252

Anita Idel

Die Kuh ist kein Klima-Killer!

Wie die Agrarindustrie die Erde verwüstet und
was wir dagegen tun können

Metropolis-Verlag
Marburg 2011

Bibliografische Information Der Deutschen Bibliothek
Die deutsche Bibliothek verzeichnet diese Publikation in der Deutschen Nationalbibliografie; detaillierte bibliografische Daten sind im Internet über <http://dnb.ddb.de> abrufbar.

Metropolis-Verlag für Ökonomie, Gesellschaft und Politik GmbH
http://www.metropolis-verlag.de

Zweite, durchgesehene Auflage 2011

ISBN 978-3-89518-820-6

für Mücki

Inhaltsübersicht

Inhaltsverzeichnis

Vorwort der Herausgeberin

Die Schweisfurth-Stiftung fördert seit 1985 das Bewusstsein für den Wert von lebendigen Lebens-Mitteln, die im Wortsinn „Mittel zum Leben“ sind. Die Qualität von Essen und Trinken wird ganz wesentlich von ökologischen, sozialen und kulturellen Werten geprägt. Diese Werte bestimmen das selbst entwickelte Leitbild einer nachhaltigen, ökohumanen Agrar- und Ernährungswirtschaft, das als konzeptioneller Hintergrund der Stiftungstätigkeit dient und die zentralen Bedingungen und konkreten Lösungsansätze für eine zukunftsweisende Entwicklung benennt.

Ein nachhaltiger Umgang mit allem Lebendigen hat kulturelle Grundlagen. Die Schweisfurth-Stiftung setzt deshalb auf eine Vertiefung, Erweiterung und Erneuerung von agrar- und ernährungskulturellen Impulsen im 21. Jahrhundert. Ihre Projekte zielen darauf, Werte zu identifizieren, die es Wert sind, an die nächste Generation weitergegeben zu werden. Dazu gehören der Erhalt der Biodiversität bei Pflanzen und Tieren, ökologische und physische Gesundheit beim Boden – Pflanzen – Tier – Mensch – Komplex, die Förderung des Tierwohls, der sozialen Fairness, intergenerationalen Vorsorge und Gerechtigkeit.

In der vorliegenden Reihe „Agrarkultur im 21. Jahrhundert“ kommen Autorinnen und Autoren zu Wort, die eine verantwortungsvolle und zukunftsgerichtete Werthaltung vertreten. Anhand konkreter Fragen des Anbaus, der Verarbeitung und der Vermarktung von Lebens-Mitteln überdenken sie, welchen Wert moderne Gesellschaften agrarischen und ernährungswirtschaftlichen Tätigkeiten beimessen müssten, damit es nachhaltig gut auf dem Planeten Erde weitergehen kann.

Klar ist, dass ein „weiter – wie – bisher“ ausgeschlossen werden kann. Die in der vorliegenden Reihe herausgegebenen Werke sind deshalb lösungsorientiert und praxisnah verfasst. Sie zeigen auf, was alles, wie und unter welchen Bedingungen anders laufen sollte, um die folgenschweren Denkfehler des agrar-industriellen Systems zu überwinden.

Die VerfasserInnen nehmen dabei neue Perspektiven ein, beispielsweise beim vorliegenden Band, in dem „die Welt aus der Sicht des Pansens" beschrieben wird. Sie gewichten die Perspektiven im Sinne eines neuen Denkens nach realen Abhängigkeitsverhältnissen und nicht aus der Perspektive von Finanzwirtschaft oder Welthandel. Vom Überleben der Menschheit her wird die Bodenfruchtbarkeit dabei als erst- und höchstrangig anerkannt. Das Wirtschaften mit den Böden, den Pflanzen, den Tieren und den Menschen in ländlichen Räumen wird darüber hinaus im Paradigma des Gärtnerns konstruiert; ein Paradigma, das sich seit Menschheitsgedenken bewährt hat und offenbar immer noch ein zukunftsfestes Leitbild abgibt für eine Ökonomie und eine Ökologie der kurzen Wege. Andere überkommene Leitmetaphern wie die des „Guten Hirten" z.B., erhalten, wie im vorliegenden Werk von Anita Idel geschehen, einen orientierungsgebenden neuen Sinn. In den unruhigen und unsicheren Zeiten von Klimawandel, Bevölkerungswachstum und Urbanisierung werden auf diese Weise, wissenschaftsbasiert, agrar- und ernährungskulturelle Alternativen erschlossen, die gangbare Wege in die Zukunft darstellen.

Die Schweisfurth-Stiftung dankt dem Metropolis-Verlag für seine aktive Mitwirkung an der Verbreitung dieses Kulturwissens! Ihr Dank geht auch an die Reihenlektorin Frau Brunhilde Bross-Burkhardt für die sorgfältige fachliche Begleitung der Manuskripterstellung. Und vor allem dankt sie den Autorinnen und Autoren der Reihe, dass sie sich der Aufgabe stellen, ihr Fachwissen allgemeinverständlich zu erschließen.

Auch im 21. Jahrhundert lassen sich viele Potenziale für kulturelle und zivilisatorische Entwicklungen im Leben auf und mit dem Lande finden. Diesen Entdeckungszusammenhang zu fördern und an möglichst viele Mitdenker und Mitmacher zu vermitteln, ist Absicht der Reihe.

Für die Herausgeberin Schweisfurth-Stiftung

Prof. Dr. Franz-Theo Gottwald
Vorstand

Vorwort

Christine und Prof. Dr. Ernst von Weizsäcker

Über Kühe konnte man in den letzten Jahrzehnten nur Schlechtes hören:

Kühe sind schuld an der Bodenerosion, denn sie überweiden die Flächen und die Klauen ihrer schweren Körper zertreten die Grasnarbe, insbesondere beim täglichen Gang zum Wasser ...

Kühe emittieren Methan aus ihren Pansen. Methan ist ein gefährliches Treibhausgas. Unsere Autoabgase wurden immer wieder mit den gefährlichen Rülpsern der Kühe verglichen. Autos und Kühe erschienen beide gleichermaßen als dickes Klimaproblem ...

Und dann verlor die Kuh auch noch im Vergleich zum Schwein und zum Huhn. Die Kuh braucht erheblich mehr Energieeinsatz zur Erzeugung von einem Kilo Fleisch. Die Kuh ist als Futterverwerter eine Katastrophe ...

Zudem wissen wir schon lange, dass die Kuh den Hunger auf der Welt vermehrt: Sie ist – zusammen mit Schwein und Huhn der Industrieländer – kaufkräftiger als die armen Bevölkerungsschichten der Entwicklungsländer. Deshalb gewinnt sie in der Konkurrenz um den Ertrag der Ackerflächen der Entwicklungsländer. Kraftfutterexport gewinnt gegenüber Lebensmittelproduktion.

Bei dieser Häufung von Schuldzuweisungen können einem schon Zweifel kommen. Wird „die Kuh" zum Sündenbock gemacht?

Biologen können auch fachliche Zweifel haben. Die Familie der Kühe, Auerochsen, Wisente, Gaurs, asiatische Wasserbüffel, afrikanische Büffel, nordamerikanische Bisons waren wichtige Teile von Ökosystemen. Spielten sie schon immer eine problematische Rolle?

Oder hatten sie wichtige Funktionen in ihren Ökosystemen?

Und was waren die?

Was geschah beim Übergang von den Jäger- und Sammlerkulturen zu den Kulturen der Hirtenvölker? Was geschah, als die Menschen und ihre Rinderherden halbsesshaft, zum Beispiel unter Einschluss von sommerlicher Almwirtschaft, oder sesshaft wurden? Was geschah mit den Kühen beim Übergang zur modernen industrialisierten Landwirtschaft mit Intensivierung und Steigerung der Effizienz der Tierproduktion?

Was ist der Beitrag „der Kuh“ und was ist der Beitrag der Menschen?

Fragen über Fragen zur Kuh und zur Entwicklung unserer Agrar- und Ernährungskultur. Aus vielen Strukturdebatten der Vergangenheit kann man lernen, dass eine Erweiterung des Blickfelds und des Fragehorizonts den Weg zu neuen, realistischeren Beschreibungen und nachhaltigeren Entwicklungen eröffnet. Die Kuh muss sich einem Systemvergleich stellen. Systemvergleiche betrachten unterschiedliche Lösungsansätze und -strukturen in ihrem gesamten Lebenszyklus. Die Kuh hat ihren guten Ruf in die Hände der Autorin und all derer gelegt, die beim Zustandekommen dieses Buchs mitgewirkt haben.

Hoffentlich wird dieses Buch dazu beitragen, dass wir den mächtigen Kühen mit den großen Eutern, den eleganten Hörnern und den freundlichen Namen, die wir in unserer Kindheit morgens und abends beim Gang zwischen Weide und Stall begleitet haben, wieder guten Gewissens in die sanften Augen schauen können.

Einleitung – Kuh-Zunft (1)

Grünland bedeckt circa 40 Prozent der weltweiten Landfläche. Kühe, Schafe und andere Wiederkäuer können in Symbiose mit den Mikroorganismen in ihrem Pansen Weidefutter in Milch und Fleisch umwandeln. Sie sind prädestiniert zur Nutzung derjenigen Böden, die nicht beackert, aber beweidet werden können.

„Kühe rülpsen Methan", 25 mal klimaschädlicher als CO_2 (Kohlendioxid). Dem steht gegenüber, dass Rinder und ihre Verwandten zur Begrenzung des Klimawandels beitragen können. Der Grund? Nachhaltige Weidehaltung fördert die Bodenfruchtbarkeit, weil dadurch Kohlenstoff als Humus im Boden gespeichert wird:

Mit jeder zusätzlichen Tonne Humus im Boden wird die Atmosphäre um 1,8 Tonnen CO_2 entlastet.

Die höchsten durch die Landwirtschaft verursachten Emissionen gehen nicht von Methan aus, sondern von synthetischen Stickstoffverbindungen. Damit werden die großen Monokulturen – besonders Mais und Getreide – für die Produktion von Kraftfutter in der intensiven Landwirtschaft gedüngt. Die Düngung verbraucht viel Energie und setzt Lachgas frei – 295 mal klimaschädlicher als CO_2.

Obwohl Rinder Gras verdauen können, werden sie auf Hochleistung gezüchtet und mit Kraftfutter zu Nahrungskonkurrenten der Menschen gemacht. Milch und Fleisch aus Intensivproduktion sind nur scheinbar billig. Die Rechnung für die Allgemeinheit kommt später. Denn intensive Landwirtschaft verdrängt mit Monokulturen die biologische Vielfalt und die CO_2-Speicher: das Grünland und den (Regen-)Wald.

Je mehr Menschen auf der Erde leben, desto wichtiger wird die Bodenfruchtbarkeit zur Sicherung der Ernten. Aber das agroindustrielle System heizt den Klimawandel an und erhöht dadurch die Risiken für die Welternährung dramatisch. So haben die Böden Nordamerikas in den vergangenen 100 Jahren mehr als ein Viertel ihrer Fruchtbarkeit verloren.

Im ersten Teil des Buches steht mit dem Rind als *globalem Landschaftsgärtner* einerseits und den extrem energiereich gefütterten Hochleistungstieren andererseits die Frage nach dem richtigen System im Vordergrund: Dokumentiert werden die wissenschaftlichen Fakten zur Multifunktionalität des Boden-Pflanze-Tier-Komplexes in der nachhaltigen Landwirtschaft und der zerstörerische Beitrag der intensiven Landwirtschaft zum Humusverlust und zum Klimawandel.

Früher war nicht alles besser: Als *Mistvieh* führten Rinder im deutschsprachigen Raum über Jahrhunderte ein elendes Leben.

Aber heute wissen und können wir es besser. Deshalb gilt es, mit Hilfe der Wiederkäuer und dem Wissen des 21. Jahrhunderts, die Bodenfruchtbarkeit durch nachhaltiges Weidemanagement zu erhalten und zu erhöhen.

Seit einigen Jahren formiert sich weltweit eine *pro Gras* (Gegen-) Bewegung: Der Praxis nachhaltiger Grünlandnutzung – ihren Menschen und Tieren – widmet sich der zweite Teil des Buches.

Sie kommen aus der Landwirtschaft, vom Land und aus der Stadt – mit dem gleichen Ziel: Kühe und andere Wiederkäuer mit ihren genialen Pansenmikroorganismen wieder weiden zu lassen, um Milch und Fleisch nur oder fast nur aus Gras, Klee und Kräutern zu machen. Zu Wort kommen somit Menschen aus der Praxis, die auf die symbiotischen Potenziale der Weidewirtschaft mit Kuh und Co. setzen.

Es geht um Alternativen zur industriellen, das Klima schädigenden Landwirtschaft und somit um weit mehr als die Rehabilitierung der Kuh vom *Klima-Killer*-Image. Für die heutige Zeit sind diejenigen Pioniere, die wieder *das Gras wachsen hören*. Das gilt besonders, weil ihr Wissen und ihre Erfahrungen um die Perspektiven der *Kuh-Zunft* in agrarökonomischen Zukunftsszenarien meist gar nicht vorkommen.

Kapitel 1

Die Welt aus der Sicht des Pansens

Rinder auf der Weide sind keine Nahrungskonkurrenten des Menschen. Wir aber müssten angesichts auch der üppigsten Gräser jämmerlich verhungern, weil wir sie nicht verdauen können. *Wiederkauen* lautet meist die Antwort auf die Frage, wie Rinder aus Gras und Kräutern Milch und Fleisch machen. Das ist zwar ein notwendiger, aber eben doch nur ein Teil dessen, was das Verdauungssystem eines Wiederkäuers zu bieten hat: eine Symbiose mit Tausend Billionen Mikroorganismen.

Milch und Fleisch aus Gras und Heu

Wie konnte es dazu kommen, dass die Kuh zum *Nahrungskonkurrenten* des Menschen gemacht wurde und als *Klima-Killer* wahrgenommen wird? Ehe diese Frage in den Fokus genommen wird, soll ein tiefer Blick in ihre Mägen verständlicher machen, warum sie kann, was wir Menschen nicht können: von Gras leben – ein ganzes Leben lang.

Bei Wiederkäuern wechseln Fress- und Wiederkauphasen miteinander ab. Wie lange die Phasen genau dauern, hängt vom jeweiligen Futter ab. Wenn Rinder ihrer Art entsprechend auf Weideland gehalten werden, grasen sie je nach Jahreszeit und Angebot ein bis zwei Stunden ohne Unterbrechung, kauen dabei wenig und lassen Büschel um Büschel in zweien ihrer drei drüsenfreien Vormägen verschwinden, dem riesigen *Pansen* und der *Haube*[1] – pro Mahlzeit an die 20 Kilogramm Gras und Kräuter. Hier und anschließend im kleinsten der drei Vormägen, dem *Blättermagen*[2], findet die Vorverdauung statt, ehe das Futter in den *Labmagen* gelangt, der unserem Drüsenmagen entspricht.[i]

[1] Die *Haube* wird auch *Netzmagen* oder *Retikulum* genannt.

[2] Der *Blättermagen* wird auch *Psalter* oder *Omasum* genannt.

Innerhalb einer halben Stunde nach dem letzten Bissen beginnen sie mit dem Wiederkauen: Portionsweise werden jeweils circa 100 Gramm Futter durch die Speiseröhre, in der Unterdruck herrscht, wieder hochgewürgt, 30- bis 80-mal gemalmt – bei 60 bis 100 Kieferschlägen pro Minute – und nach 30 bis 60 Sekunden wieder runter geschluckt. Kurz darauf kommt schon die nächste Portion nach oben. Damit sich die Kuh dabei nicht verschluckt, beschäftigt sich im Hirn extra ein eigenes Zentrum mit der Steuerung dieser komplizierten Vorgänge.

Beim Wiederkauen sind nicht nur die Backenmuskeln in Aktion: Es blubbert und zischt in den Vormägen, die zusammen bis zu 150 Liter der Futtersuppe aus eingespeicheltem Gras und Tränkewasser fassen. Als Aussackung des Pansens macht der *Schleudermagen* seinem Namen alle Ehre. Die heftigen Muskelkontraktionen der Vormägen erfolgen zyklisch und sind auf das Abschlucken und das Wiederhochwürgen so abgestimmt, dass kein wirres Futtergemisch, sondern drei Schichten entstehen: Unten sammelt sich das Flüssige, darauf schwimmen die Pflanzenfasern, und oben bildet sich eine Gasschicht aus Kohlendioxid (CO_2) und Methan (CH_4), – und die muss raus: Die Kuh rülpst.

Der 24-Stunden-Tag einer Kuh ist auf circa fünf bis fünfzehn Fress-/Wiederkau-Phasen verteilt. Innerhalb von sechs bis 12 Stunden frisst sie bis zu 100 Kilogramm Grünfutter, die sie fünf bis neun Stunden lang wiederkaut. Es hängt von stimulierenden bzw. begrenzenden Einflüssen ab, wie oft und wie lange die Rinder jeweils fressen und wiederkäuen: dem Geschmack der Futterbestandteile – eine vielfältige Weide ist verlockender als ein einheitliches Futtergemisch –, dem Sättigungsgefühl bzw. dem Füllungszustand des Pansens und der Zusammensetzung und Verdaulichkeit des Futters. Je leckerer und je leichter verdaulich das Futter ist, desto mehr langen sie zu, wenn der Pansen nicht schon bzw. noch voll ist.

Entsprechend dauert das Wiederkauen um so länger, je älter das Gras ist; denn mit dem Alter nehmen dessen leichtverdauliche Proteinanteile ab und die festeren Rohfaseranteile der Zellwände – Zellulose und holzige Fasern (Lignin) – zu. Je schwerer verdaulich das Futter ist, desto länger wird die Futtersuppe zwischen dem Pansen und den kleinen Vormägen hin- und hergeschleudert, hochgewürgt und wieder neu geschichtet. Erst wenn eine Pflanzenfaser weit genug abgebaut worden ist, passt sie durch den Eingang zum kleinsten der Vormägen, dem *Blättermagen*. Dort wird dem Futter ein Teil des Wassers entzogen, ehe es im *Lab-*

magen landet, der mit seinen Drüsen und dem hohen Säuregehalt unserem Magen entspricht.

Grasen mit Billiarden Helfern

Aber noch ist es nicht so weit: Bis der Futterbrei im Labmagen ankommt, werden noch einige Stunden vergehen.

Die mechanische Zerkleinerung durch die malmenden Rinder war die Vorbereitung für den nächsten Verdauungsschritt, der nun von über 100.000.000.000 Mikroorganismen übernommen wird – 100 Milliarden pro Milliliter Pansenfüllung. Bei einem Futtergewicht von zum Beispiel 50 Kilogramm entsteht allein für die Bakterien eine Zahl mit 15 Nullen ... Zum Verständnis der Verdauungsfunktionen der Wiederkäuer ist es wichtig zu wissen, dass sich auch innerhalb des Pansens die einzelnen Futterbestandteile nicht alle im gleichen Verarbeitungszustand befinden, sondern immer wieder neu geschichtet und durch die mechanische Bearbeitung und mikrobielle Zersetzung sukzessive zerkleinert werden.

Bakterien und winzige Wimperntierchen (Protozoen) verfügen über Enzyme (Cellulasen), mit denen sie Gräser und andere für Rinder, Menschen oder Schweine unverdauliche Pflanzenbestandteile in mikroskopisch kleine Einheiten zerlegen können. Dazu bedienen sie sich *ihrer* Rinder als Vorverdauer, denn je kleiner die Futterschnipsel bereits zermalmt sind, desto größer ist die Angriffsfläche für die Mikroben. Sie nutzen die Vormägen als Gärkammern und profitieren dort von günstigen Lebensbedingungen – für ihre eigene Ernährung und Vermehrung (Zellteilung): permanente Nahrungszufuhr, genügend nicht zu saure Flüssigkeit, und zudem optimale Wärme – bei 38 bis 40 Grad Celsius.

Noch hatten die Rinder quasi nichts von ihrem Futter, sondern mit Grasen, Schlucken, Würgen, Rülpsen eigentlich nur Arbeit. Das ändert sich nun nach kurzer Zeit, da leicht verdauliches Futter bereits schnell verfügbar ist und sich die verschiedenen Verdauungsphasen ja zeitlich teilweise überlappen. Beim Abbau des Futters durch die Mikroben gärt es im Pansen, wobei unter Sauerstoffausschluss durch Fermentation literweise Fettsäuren entstehen – vor allem Essigsäure. Diesen hervorragenden Energiespender kann die Kuh nun *selbst* direkt für sich nutzen. Mit ihrer durch Hunderttausende winzige Schleimhautsäckchen um das Siebenfache vergrößerten Pansenschleimhaut saugt sie große Mengen dieser

Flüssigkeit auf. Täglich gelangen so vier bis sechs Liter *Power* durch Blutgefäße direkt vom Pansen in die Leber und von dort wiederum über das Blut zum Euter und den Muskeln.

Aber damit, dass Wiederkäuer *ihre* Mikroben füttern und diese dann *ihre* Wirtstiere mit Energie versorgen, ist erst die Hälfte der Wiederkäuergeschichte erzählt. Die Kuh will leben, und der dazu notwendige Beitrag der Mikroben zur gemeinsamen Symbiose reicht viel weiter.

Alle Säugetiere einschließlich des Menschen benötigen Aminosäuren, um daraus lebensnotwendige Eiweiße (Proteine) zum Beispiel für den Aufbau von Knochen, Muskeln, Haut sowie Transportproteinen im Blut zu bilden. Dazu müssen andere Proteine – pflanzliche und / oder tierische – mit der Nahrung aufgenommen und anschließend abgebaut werden. Rinder und andere Wiederkäuer könnten Gräser ohne ihre Miniaturspezialisten genauso wenig verdauen wie wir Menschen. Mit den Rohstoffen füttern Rinder *ihre* Mikroorganismen und leisten damit ihren Beitrag zur gemeinsamen Symbiose. In den ersten Stunden nach dem Fressen und Wiederkauen erhalten sie von der Nahrungsenergie einen Teil in Form der energiereichen Fettsäuren *zurück*. An dem anderen Teil fressen sich die Mikroorganismen quasi erst mal satt und bilden dabei hochwertige Proteine, die sie überwiegend für den Aufbau ihrer Zellwände bei der Zellteilung benötigen.[3] Ganz in ihrem Milieu, das heißt unter diesen für sie optimalen Vermehrungsbedingungen, erhöhen die Bakterien nun rasant ihre Anzahl.

Gar nicht kuh-linarisch – Milchferkel fürs Rind ...

Mit abnehmender Nahrungsenergie in den Vormägen der Rinder unterliegt die Vermehrung der Mikroben einer Sättigungskurve. Ihr wichtiger Beitrag zur Symbiose wiegt in 24 Stunden etwa so viel, wie ein kleines Ferkel – auch *Milchferkel* genannt. Denn zusätzlich zu den Gräsern gelangen täglich sieben bis zehn Kilogramm Bakterien und Wimperntierchen – und damit Proteine, ohne die eine Kuh genauso wenig leben kann wie ein Mensch – in den Labmagen. Dort tötet die Magensäure die

[3] *Zellteilung* ist ein irreführender Begriff, denn letztlich entstehen immer zwei ganze und nicht zwei halbe Zellen: Bevor sie sich teilt, verdoppelt die Zelle ihren Zellkern und weitere Zellbestandteile, damit die beiden neu entstehenden Zellen komplett sind.

Kleinstlebewesen. Anschließend bauen Enzyme deren Proteinbestandteile zu Peptiden und Aminosäuren ab. Die kann die Kuh nun *selbst* weiter verdauen und mit ihrer Darmschleimhaut resorbieren. Innerhalb von 24 Stunden werden alle Pansenbewohner einmal umgesetzt, d.h. sukzessive wird die gesamte Pansenmikroflora zusammen mit einem Teil der geschleuderten und vergorenen Pflanzenbestandteile in den eigentlichen Magen, den *Labmagen*, gepresst.

Bakterienproteine sind höherwertiger als Pflanzenproteine und könnten auch von uns Menschen verdaut werden. Aber der Mensch profitiert am Ende der Nahrungskette, wenn Rinder und ihre winzigkleinen Helfer daraus *für uns* Milch und Fleisch gemacht haben ...

Theoretisch könnten auch Rinder ein kleines Ferkel verdauen. Entweder, wenn dieses unter Umgehung des Vormagensystems direkt in ihren Labmagen gelangte, der ja mit seinem extrem sauren Milieu unserem Magen entspricht. Oder wenn die Mikroorganismen erst mal ihren üblichen Komplettabbau der Nahrung durchführten, sodass das Ferkel letztlich in Form von kiloweise Bakterien bereit stünde, die die Rinder ja dann selbst verdauen könnten.

Absurd? Futter à la Milchferkel stand auf der Speisekarte von Rind & Co., solange auch bei uns üblich war, sie mit Tiermehl zu füttern. Erst wegen der BSE-Krise erlauben wir Wiederkäuern seit Dezember 2000, wieder Vegetarier zu sein. Aber so gelangten sie lediglich vom Regen in die Traufe, denn die Rinderfütterung ist auch heute überwiegend nicht artgerecht, sondern genau so intensiv und proteinreich: Nur dass das Tiermehl nun durch Soja *ersetzt* wird.

Schweinegülle (Pig slurry) und Hühnermist (Broiler litter)

Mit Futterproblemen ganz anderer Art hatten Milchkühe und Mastrinder vor der Wiedervereinigung in Deutschland Ost zu kämpfen. Um die Bevölkerung zu ernähren, musste seit den 1970er Jahren jedes Jahr über eine Million Tonnen Getreide aus dem *nichtsozialistischen Ausland* in die DDR importiert werden. Der Import kostete nicht nur *harte* – d.h. nichtsozialistische – Währungen, sondern schuf darüber hinaus politisch höchst brisante Abhängigkeiten.

Um diese zu reduzieren, erhöhte die DDR-Regierung die Produktionspläne für Getreide – letztlich auf ein Niveau, welches in der Praxis nicht realisierbar war. Deshalb ließen plantreue Vorsitzende der *Landwirtschaftlichen Produktionsgenossenschaften* (LPG) auch auf Flächen, die für Futterzwecke vorgesehen waren, Getreide für die menschliche Ernährung anbauen. So sollte der festgelegte Plan, das Ablieferungssoll, doch noch erfüllt werden.[ii]

Aber nicht nur jede *LPG-Pflanze*, auch jede *LPG-Tier* unterlag Planvorgaben. Wo die Flächen nun tatsächlich mit zusätzlichem Getreide für die menschliche Ernährung und nur offiziell mit Futter bestellt waren, kam es zwangsläufig zu Problemen in der Futterversorgung der Tiere, die vielerorts nächtelang vor Hunger blökten. Wegen der Diskrepanz zwischen dem verordneten Plan und der Wirklichkeit, suchte die DDR-Agrarforschung nach Fütterungsalternativen für Wiederkäuer. Und Not macht bekanntlich erfinderisch ...[iii]

Seit Beginn der 1970er Jahre fiel durch die Industrialisierung der DDR-Landwirtschaft immer mehr Kot und Harn aus großen Schweine- und Geflügelproduktionsanlagen an. Ställe mit 10.000 und mehr Tieren verursachten mit Schweinegülle und zunehmend auch Geflügelmist riesige Entsorgungsprobleme.

Die Lösung beider Probleme – chronischer Futtermangel und Gülleflut – sollte der Pansen mit seinen Billiarden Helfern möglich machen. Im Zentrum des Interesses stand, dass die Miniaturspezialisten im Pansen über die Fähigkeit verfügen, für sie lebenswichtige Proteine auch aus nicht proteinartigen Quellen – aus Stickstoff – bilden zu können: Beispielsweise bauen sie aus Fäkalien-Stickstoff erst Aminosäuren auf und daraus anschließend ihr Bakterieneiweiß, ohne dazu erst andere – pflanzliche – Proteine abbauen zu müssen.

Seit Mitte der 1970er Jahre untersuchten zahlreiche Studien die Effizienz der Verfütterung von Schweinegülle und Hühnermist in der Rindermast.[4] Milchkühe wurden nicht in die Experimente einbezogen, um keine Geschmacksveränderungen der Milch zu riskieren. Dabei erwies sich die Verdaulichkeit von *broiler litter* der von *pig slurry* als überlegen, während Rinderfäkalien im Rinderfutter keine gewünschten Ergebnisse erzielten.[iv] Insgesamt wurden Fäkalien als *underutilized resources* bezeichnet: unternutzte Ressourcen – nicht etwa für den Boden, sondern für die Fütterung von Tieren![v]

[4] Fäkalien wurden nicht nur in der DDR verfüttert; heute spielen sie insbesondere in der industriellen Fischproduktion eine Rolle.

Viele dieser Untersuchungen, die sich auch auf andere Wiederkäuer wie Schafe und indische Zeburinder erstreckten, wurden vor der Wende vom späteren Leiter des *Instituts für Tierernährung* der *Bundesforschungsanstalt für Landwirtschaft*, Gerhard Flachowsky, durchgeführt.[vi] Im Jahr 2003 erhielt er den Hauptpreis der *Henneberg-Lehmann-Stiftung* für *Versorgungsempfehlungen für das Rind* unter anderem wegen *konsequenter und fundierter Darstellung der Tierernährung als Lebensmittel erzeugende Wissenschaftsdisziplin.*[vii]

Vom genialen Grasfresser zum schlechten Futterverwerter

Zwei Ziele werden seit vier Jahrzehnten in den westlichen Industrienationen vorangetrieben: Kosteneinsparung bei gleichzeitiger Steigerung der Milch- oder Fleischleistung. Das heißt vor allem, dass die Tiere in möglichst kurzer Zeit entweder viel Milch oder viel Fleisch bilden sollen. Damit einseitig auf Hochleistung gezüchtete Rinder immer schneller immer noch mehr leisten, müssen sie immer intensiver, das heißt energie- und proteinreicher, gefüttert werden. Der Großteil des proteinreichen Kraftfutters wird importiert: Zwei Drittel der in der Europäischen Union verfütterten Proteine stammen aus Entwicklungs- und Schwellenländern. Weiterhin fällt Regenwald Sojafeldern zum Opfer.

Ob *essen* oder *fressen* – für Getreide, Mais und Soja braucht man keinen Pansen, diese Pflanzen können auch wir Menschen selbst verdauen. Aber Rinder haben einen Pansen und darin Verdauungshelfer in Billionenstärke mit der genialen Fähigkeit, Gräser verwerten zu können, die für alle Tiere – einschließlich Rind und Mensch – unverdaulich sind. Diese Fähigkeit wird nun aus Sicht der vermeintlichen Effizienzforscher zum Problem: Denn nach dem Motto, *gegessen wird, was auf den Tisch kommt*, bauen die Mikroorganismen nun auch Getreide, Soja und Mais ab, obwohl die Rinder das ja – wie wir Menschen – im Labmagen *selbst* und somit effizienter könnten. Durch diesen quasi Umweg, den Ab- und Aufbau energiereicher Pflanzen im Pansen, geht viel Energie verloren.

Aber statt dieses Problem gar nicht erst entstehen zu lassen und Rinder artgerecht mit Gras zu füttern, forschen Wissenschaftler seit einigen Jahrzehnten daran, wie die Pansenmikroorganismen umgangen werden können. *Geschützte* Proteine lautet das Stichwort, wenn Lehrbücher seit den 1970er Jahren immer neue aufwändige Verfahren für

Pansenstabilität propagieren, um das Hochleistungsfutter möglichst schnell und quasi unbemerkt an den Mikroorganismen vorbei in den Labmagen der Rinder zu schleusen.[viii]

In der Folge ist die Wertschätzung gegenüber den Rindern dramatisch gesunken: Vom einst *genialen Graser* mit Alleinstellungsmerkmal – Milch und Fleisch aus Gras und Heu mit Hilfe ihrer symbiotischen Mikroben – mutierten sie in der Wahrnehmung vieler Ernährungsphysiologen, Fütterungsforscher und Landwirte zum *schlechten Futterverwerter*. Tatsächlich verwerten Allesfresser wie Schweine, Hühner und auch Menschen Getreide, Mais und Soja wesentlich besser als Wiederkäuer. Aber die haben ja keine Wahl, wenn wir ihnen *ihre* grüne Weide vorenthalten. Rinder werden *zur Sau* gemacht – mit aus der Sicht des Pansens abartigem Futter. Aber während ihre durch falsche Ernährung bedingten Krankheiten zwangsläufig zunehmen, halten Wissenschaftler bereits eine weitere Verunglimpfung parat: das Rind als *Klima-Killer*.

Kapitel 2
Was kostet die Welt? – Biosphäre 2

Seit den 1960er Jahren nährten Pläne für künftige bemannte Weltraumflüge – angetrieben vom Weltmachtpoker zwischen den USA und der Sowjetunion – Gerüchte über *menschliche Kolonien auf dem Mond* und *Reisen zum Mars*. Die Hightech getriebene *Alles-ist-möglich*-Euphorie überstand auch die Öl(preis)krise von 1973. Nicht das *Ob* sondern das *Wie* beherrschte Köpfe und Herzen – in der Wissenschaft nicht anders als in den Gazetten. *Missionen* nannte die NASA ihre Unternehmungen schon damals im *Kalten Krieg*. Ihr Ziel: neue Welten entdecken oder – noch besser – neue Welten selbst erschaffen.

Am 26. September 1991 war es soweit: Statt Astronauten zum Mond oder eine unbemannte Raumsonde zur Venus zu befördern, startete in der Nähe von Oracle in Arizona das Experiment *Biosphäre 2*: Vorerst auf dem Heimatplaneten sollte bewiesen werden, dass menschliches Leben in einem künstlich geschaffenen und abgeschlossenen Ökosystem unabhängig von der Außenwelt langfristig möglich ist. Enormer Erfolgsdruck lag deshalb in den folgenden beiden Jahren auf den acht Biosphärianern: Als lebender Beweis für die Seriosität und Tragfähigkeit der Weltraumprogramme, die vielen nach Science-Fiction klangen, sollten die vier Männer und vier Frauen hermetisch abgeschlossen unter Glas quasi autonom (über-)leben: alle Nahrungsmittel selbst herstellen und den Sauerstoff atmen, den die eigenen Pflanzen produzieren.

Als 1969 Apollo 11 auf dem Mond landete, war Michael Griffin, der spätere NASA-Chef, 20 Jahre alt und einer derjenigen, die das Prestigeobjekt mit Argusaugen beobachteten. Es *musste* gelingen.

Biosphäre 2 war seit 1987 in der Wüste von Arizona errichtet worden, als ein kleiner *Garten Eden* in einem Kuppelbau aus Stahlbeton mit 6.500 Glasscheiben – rund 28 Meter hoch auf einer Fläche von 13.000 qm. Anlässlich der Landnahme durch die Biosphärianer schrieb die *New York Times* 1991: Der größte private Sponsor für die Umweltforschung in den Vereinigten Staaten sei nicht *Amoco*, der *Environmental Defense Fund*, *Exxon*, die *MacArthur Foundation*, die *National Geographic Society*, die *Nature Conservancy*, der *New York Botanical Garden* oder der *World Wildlife Fund*. Es sei Edward P. Bass, 46, der einzige Sohn der texanischen *Öl-Familie*. Mit seinem Sponsoring für die circa 360.000 Kubikmeter wollte der Multimilliardär künftigen Umweltkatastrophen wie radioaktiver Verseuchung trotzen. Um sich seinen persönlichen Traum von der Naturbeherrschung zu erfüllen, wollte er beweisen, dass *es* möglich ist: Die Erschaffung einer *zweiten* Erde. Das langfristige Ziel: *Space colonization* – autonome, also sich selbst erhaltende menschliche Besiedelung außerhalb von Mutter Erde.

Aber dazu kam es nicht.

Als die Biosphärianer nach knapp zwei Jahren *bubble*, ihre künstliche Blase, verließen, galt ihr 200 Millionen US-Dollar schweres Selbstexperiment als gescheitert. Warum eigentlich? Getrieben vom Erfolgszwang und durchdrungen vom Glauben an den *technischen* Fortschritt, hatten sie nicht einzelne Erkenntnisgewinne, sondern allein das eigene autonome Überleben zum Erfolgsmaßstab erhoben. Das Projekt scheiterte letztlich am starren Glauben an seine Planbarkeit, genauer: der Planbarkeit und Vorhersagbarkeit der Natur.

Hatten sie nicht an *alles* gedacht!?

Biosphäre 2 war – als vermeintliches Abbild von *Biosphäre 1*, der Erde – nach dem neuesten Stand des Wissens mit irdischen Lebensräumen ausgestattet: neben einem simulierten Ozean mit Korallenriffen und Wellenpumpe noch vier weitere Ökosysteme: 1.900 qm Regenwald, 450 qm Mangrovenfeuchtgebiet, 1.400 qm Nebelwüste und 1.300 qm Savanne, zudem 2.500 qm Acker. Zusammen mit den acht menschlichen BewohnerInnen waren circa 3.800 Pflanzen- und Tierarten ausgewählt worden, darunter als Haustiere auch einige Hühner, Ziegen und Schweine – nicht gezählt und vielleicht auch nicht ausreichend beachtet: Billiarden Mikroorganismen. Sie hatten die Arche unbemerkt geentert – als Bewohner der tierischen und menschlichen Därme und vor allem der 2.000 Kubikmeter Muttererde ...

Nach dem Start durfte nichts Stoffliches mehr die Wände von *Biosphäre 2* passieren – bis auf den Import des gesamten Stroms. Hightech – Klimaanlagen, künstliche Beregnung, Kühlung, Heizung, Pumpen, Messgeräte, Filtersysteme, Ventilatoren – sollte die Ökosysteme regeln und eine Atmosphäre für autonomes Überleben schaffen.

Dadurch wurde per Definition jedes unerwartete Event des Überlebensexperiments zum *Planungsfehler* und als Misserfolg verbucht:

Tatsächlich starben unerwartet viele Tiere. Alle Bienen und mit ihnen alle anderen bestäubenden Insekten waren eingegangen oder Räubern zum Opfer gefallen; auch die meisten Wirbeltierarten – 19 von 25 – mussten als ausgestorben gelten. Hingegen hatten Schädlinge und Quälgeister profitiert: Kakerlaken breiteten sich ungebremst aus, und sich explosionsartig vermehrende *Gelbe Spinnerameisen* schienen mitverantwortlich für den Totalverlust der Bienen zu sein. Viele Pflanzen waren verkümmert, und einem großen Teil der Ernte hatten Milben und Pilze den Rest gegeben; nicht verwunderlich, dass das Körpergewicht der Biosphärianer im ersten Versuchsjahr durchschnittlich um 16 Prozent geschwunden war.

Aber letztlich ging ihnen buchstäblich die Luft aus: Nicht vorhergesehene Sauerstoffverluste von mehr als 25 Prozent bedrohten die Bewohner von *Biosphäre 2* so erheblich, dass das System mehrfach mit externem O_2 künstlich beatmet werden musste, um den Abbruch des Experiments zu vermeiden. *Bubble*, *ihre* Erde, war gegenüber unerwarteten Ereignissen viel verletzlicher und viel weniger *steuerbar* gewesen, als sie für möglich gehalten hatten. Ihr Traum vom autonomen Leben, der Welt zu beweisen, dass *es* geht, hatte sich in Luft aufgelöst. Überlebt hatten sie letztlich nur, weil der Mutterplanet sie wiederholt an den Sauerstofftropf gehängt hatte.

Humans will go beyond the solar system one day

Inzwischen war Michael Griffin, der einst leidenschaftliche *Apollofan*, Leiter der Weltraumabteilung der Johns Hopkins Universität und definierte 2004 das ultimative Ziel der Raumflugprogramme: *Space colonization*. 2005 wurde Griffin Leiter der NASA und konkretisierte, *eine* Erde reiche nicht: „I know that humans will colonize the solar system and one day go beyond." Mit seinen Plänen zur Kolonisierung des Sonnensystems gelangte Michael Griffin 2008 auf die Liste der 100 einflussreichsten Menschen des *Time Magazine* und bekräftigte, bis zum Jahr 2037 würde die NASA einen Menschen auf den Mars bringen.

Über 40 Jahre nach der Landung von Apollo 11 auf dem Mond gab US-Präsident Barack Obama im April 2010 grünes Licht für das

NASA-Programm *Sternbild (constellation).* Nach 2025 würden Astronauten erstmals auf einem Asteroiden landen und Mitte der 2030er Jahre in die Umlaufbahn des Mars vordringen, erklärte der Präsident: „Eine Landung auf dem Mars wird folgen, und ich beabsichtige, es zu erleben."

Autonomes Leben und Überleben steht nach *Biosphäre 2* weiterhin *völlig in den Sternen.* Alle – Eigentümer, Chefdesigner, die vielen wissenschaftlichen Teams draußen, aber vor allem die Biosphärianer selbst – waren nicht gescheitert, weil sie nicht *alles* bedacht, sondern weil sie geglaubt hatten, *alles* regeln zu können. Sie hatten im Glauben an die technische Machbarkeit – messen, regeln, messen, regeln ... – und mit der unbegrenzten externen Energie die Möglichkeiten der *Steuerbarkeit der Ökosysteme* völlig überschätzt, als sie das autonome (Über-)Leben zum entscheidenden Maßstab für den Erfolg von *Biosphäre 2* erklärten. Größenwahn hatte das Projekt von Beginn an zum Scheitern verurteilt, so dass seinen Protagonisten am Ende nur ein *No, we can't* blieb.

Mit *Biosphäre 2* hätten wichtige Fragestellungen zu unseren Ökosystemen und auch dem Klimawandel untersucht werden können – jeweils differenziert nach unterschiedlichen Agrarsystemen und Klimata. Aber *Bubble* war *nicht* kreiert worden, um Probleme auf unserem Heimatplaneten zu lösen ... 2007 verkaufte Edward P. Bass seinen geplatzten Traum für ein Viertel der Kosten – 50 Millionen US-Dollar.

Eine große Chance war verpasst. Angesichts von einer Milliarde hungernder und mangelernährter Menschen und der Notwendigkeit, für (über-)lebensfähige Landschaften zu sorgen, gilt es aber, die Relationen nicht aus dem Blick zu verlieren: Allein für die Entwicklung einer *neuartigen Schwerlastrakete* für Vorstöße ins fernere Weltall sind in den nächsten fünf Jahren mehr als drei Milliarden US-Dollar eingeplant.

Während Politik und Industrie (Steuer-)Milliarden in die Weltraumforschung investieren und sich gleichzeitig weiterhin scheuen, den Welthunger und die Ursachen des Klimawandels grundsätzlich zu bekämpfen, ist *Biosphäre 1* nun selbst zum *Objekt der Begierde* von Ingenieuren geworden. Es geht um nicht weniger als das Ansinnen, Atmosphäre und Klima unseres Planeten *Erde* künftig gezielt kontrollieren zu wollen. Patente sind bereits vergeben worden. Stichwort: *Geoengineering.* Ausgang des globalen Experiments – unbekannt.

Was kostet unsere Welt? In Wahrheit ist sie unbezahlbar.

Kapitel 3

Warum heißt unser Planet eigentlich Erde?

Den Planeten Erde bevölkern Lebewesen mit einem auf insgesamt 1.850 Milliarden Tonnen geschätzten Gesamtgewicht: Mikroorganismen, Pilze, Pflanzen und Tiere – einschließlich der Insekten und der Menschen. Inzwischen wird vermutet, dass die unterirdisch lebenden Mikroorganismen ein Drittel des Gesamtgewichtes ausmachen.[i] Eine Rechnung, die zum Beispiel Maulwürfe, Regenwürmer und Tausendfüßler noch gar nicht berücksichtigt. Was tun geschätzte 600 Milliarden Tonnen Mikroorganismen im Boden? Wir können sie weder hören noch sehen, aber wie wir mit ihnen umgehen, ist entscheidend für das Alleinstellungsmerkmal unseres Planeten – die Erde.

Wir haben nur eine ...

Erde ist abhängig vom Ort unterschiedlich fruchtbar. Wenn wir die Entstehung der Bodenfruchtbarkeit verstehen wollen, müssen wir etwas über die Entwicklungen *in* und *auf* den Böden und vor allem über die Interaktionen erfahren: zwischen dem sichtbaren Oben und dem meist nicht sichtbaren Unten. Zum Beispiel leben mehr als 80 Prozent aller Landpflanzen in symbiotischer Beziehung mit unterirdischen Pilzen.[ii]

Erd(!)kundebücher lehren heute wie schon vor 50 Jahren zum Thema *Boden* aber meist nur, welche Gesteinsverwitterungen und Ablagerungen in welchen erdgeschichtlichen Abschnitten stattgefunden haben. Dadurch lässt sich zwar viel über Körnchen- und Porengrößen sowie Metalle und Mineralstoffe lernen und somit über wichtige geologische *Voraussetzungen* der Böden für das Leben. Aber die gibt es auch auf dem Mond. Hingegen sparen die Autoren das *Leben* auf und im Boden meistens aus.

Das ist erstaunlich, weil wir auf unserem Planeten ohne dessen Alleinstellungsmerkmal – die *lebendige Erde* – gar nicht leben könnten. *Wir haben nur eine* ... Das gilt zumindest so lange, wie nicht extraterrestrische Wesen vom Gegenteil künden oder künftige Errungenschaften im Weltraum anderes glauben machen.

Die Fruchtbarkeit des Bodens wird durch die lebende (15 Prozent) und die tote (85 Prozent) organische Substanz (*Humus*) bestimmt. Da tot nur sein kann, was zuvor einmal gelebt hat, besteht Humus somit aus den Überresten ehemals ober- und/oder unterirdisch vorkommender Lebewesen: Dazu zählt alles, was einmal kreuchte oder fleuchte – Rind, Feldhamster und Nachtigall ebenso wie Regenwurm, Tausendfüßler und Ameise – sowie die vergleichsweise wenig mobilen Lebewesen – Apfelbaum, Himbeerstrauch und Grünkohl ebenso wie Graswurzel, Pilzgeflecht und Bakterienflora.

Aber bis heute ist nur ein Bruchteil der verschiedenen bakteriellen Erdbewohner bekannt – Experten streiten, ob fünf oder 20 Prozent.[1] In einem einzigen Gramm fruchtbaren Erdboden leben 100 Millionen bis eine Milliarde intakte, lebensfähige Bakterien – ganz normale Größenordnungen nicht nur aus der Sicht des Pansens, sondern generell aus Mikrobenperspektive.

Humus – ein Zustand des Lebens nach dem Leben – besteht zu mehr als seiner Hälfte aus Kohlenstoff, der zuvor in Lebewesen gebunden war. Kohlenstoff unterliegt in Form seiner Verbindungen wie insbesondere dem Kohlendioxid (CO_2) einem Kreislauf, der wesentlich von den Lebewesen in Interaktion mit der Luft und dem Boden bestimmt wird. Die Energie für den ersten Wachstumsschritt stammt von der Sonne.

Die *Photosynthese* ist ein Prozess, bei dem die Pflanzen mit Hilfe von Sonnenenergie Kohlenstoff aus der Luft in Form von CO_2 sowie Wasser aufnehmen und daraus energiehaltige Pflanzenmasse bilden. Sie speichern die Energie in Form von (Trauben-)Zucker.[2] Bevor es Sauerstoff freisetzende Bakterien und Pflanzen gab, war die Erdatmosphäre frei von Sauerstoff. Erst als Pflanzen schon den ganzen Planeten bevölkerten und

[1] Auch deshalb warnte vor 25 Jahren die stellvertretende Vorsitzende der *Enquete-Kommission Gentechnik* davor, in diese *Black box* transgene Bakterien freizusetzen.

[2] Photosynthese: Jedes dieser Zuckermoleküle besteht aus sechs Kohlendioxid- und sechs Wasseranteilen; gleichzeitig geben die Pflanzen sechs Anteile Sauerstoff (O_2) ab: $6\ CO_2 + 6\ H_2O >> C_6H_{12}O_6 + 6\ O_2$.

eine genügende Futtergrundlage boten, begann auch die Entwicklung von Wirbeltieren an Land. Seitdem entwickeln sich Pflanzen und Tiere in Co-Evolution miteinander.[iii]

Die konkreten Funktionen von Tieren, Mikroorganismen und Pflanzen innerhalb der Ökosysteme lassen sich immer nur im Kontext verstehen. Aber meist beschränkt der auf isolierte Lebewesen reduzierte Blick unsere Wahrnehmung. Deshalb kommen Interaktionen *zwischen* ihnen sowie zwischen ihnen, dem Boden und der Luft – auch in der Ausbildung und Forschung – häufig zu kurz oder bleiben ganz verborgen.

Das gilt auch für den direkten Zusammenhang zwischen Bodenfruchtbarkeit und Klimawandel. Mit jedem Gramm Humus, mit dem wir die Fruchtbarkeit im Boden *erhöhen*, *verringern* wir gleichzeitig die CO_2-Konzentration in der Atmosphäre: Jede Tonne zusätzlicher Kohlenstoff in der Bodenbiomasse bedeutet (das sind ca. 2 Tonnen Humus), dass 3,67 Tonnen CO_2 aus der Atmosphäre entfernt worden sind und somit das Klima entlasten. Humuspartikel speichern das Zwanzigfache ihres Gewichtes an Wasser und bis zu 95 Prozent des Bodenstickstoffs.

Auch ohne diese organischen Grundlagen des Lebens auf unserem Planeten *Erde* zu kennen oder uns jeweils bewusst zu machen, nutzen wir die *Produkte* dieser Interaktionen Tag für Tag und völlig selbstverständlich. Und letztlich sind ja auch wir selbst so ein *Produkt*:

- Pflanzen *atmen* und *essen* bei der *Photosynthese* quasi gleichzeitig, indem sie CO_2 aufnehmen und O_2 abgeben. Aus dem Kohlenstoff bilden sie – ob Grashalm, Rotkohl oder Baum – ihr pflanzliches Körpergerüst sowohl auf als auch im Boden. Mit dem unterirdischen Teil, ihren Wurzeln, entnehmen sie der Erde die für die Auskleidung ihres Gerüstes nötigen Mineralstoffe und auch Stickstoff.

- Tiere atmen O_2 ein und CO_2 aus. Manche fressen nur Pflanzen, manche auch Tiere und bilden – ob Maus, Schwein oder Elefant – aus dem Kohlenstoff ihr tierisches Körpergerüst.

- Und am Ende der Nahrungskette atmet der Mensch und isst – wie die Allesfresser Schwein und Huhn – Pflanzen, Tiere oder beides, um daraus ebenfalls Knochen, Muskeln und nicht zuletzt Hirnsubstanz aufzubauen.

Humus – die dritte Dimension

Für das Potenzial des Planeten Erde zum Pflanzenwachstum ist die Land*fläche* genauso wichtig wie die dritte Dimension in die Tiefe – die fruchtbare Erde.

In der vorangegangenen Aufzählung dominiert, was aus den Böden *heraus* kommt bzw. was wir ihnen entnehmen. Und tatsächlich *schrumpfen* sie, verlieren Humus infolge zu intensiver Nutzung. Eine fatale Entwicklung, da mit dem Wachstum der Weltbevölkerung die durchschnittliche Acker*fläche* pro Kopf abnimmt, es für die Ernährung also künftig mehr denn je auf die *dritte* Dimension des Bodens ankommt – seine *Fruchtbarkeit.* Entscheidend dafür, wie trotz der Entnahme von Biomasse durch Ernten seine Fruchtbarkeit erhalten und letztlich sukzessive erhöht werden kann, sind neben der Humus*neu*bildung Maßnahmen zur Humus*erhaltung*: Je dichter und dauerhafter Böden bewachsen sind, desto geringer ist die Wahrscheinlichkeit, dass Humus abgebaut – und dadurch CO_2 wieder in die Atmosphäre freigesetzt – wird.

Böden werden auch als Kohlenstoff-Speicher oder -Senken bezeichnet. Der Kohlenstoff *sinkt* aber nicht in die Böden, sondern wird sehr aktiv dorthinein befördert: Am schnellsten gelangt Kohlenstoff über die Pflanzen in den Boden, indem sie Wurzeln bilden. Wesentlich für die Humusbildung sind in der Folge spezielle Pilze, die im Verbund mit den Pflanzenwurzeln leben. Von dieser Wurzel-Pilz-Symbiose (Mycorrhizen) profitieren die Pilze, weil sie ihre Energie und damit den Kohlenstoff zum Aufbau ihrer Körpersubstanz direkt aus den Pflanzenwurzeln in flüssiger Form (Exsudat) aufnehmen können. Der Beitrag der Pilze zu dieser Symbiose liegt in einer enormen Ausweitung des Einzugsbereiches für Feuchtigkeit und Nährstoffe. Die Pflanzen erhalten von den Pilzen – quasi im Austausch für den Kohlenstoff – Nährstoffe aus tiefer gelegenen Bodenschichten. Manche Pilze decken mit ihren fadenförmigen meterlangen Mycelzellen mehr als einen Quadratkilometer ab.[iv]

Der größte Teil des Kohlenstoffs gelangt via Pflanze in den Boden. Die Pflanze nimmt CO_2 aus der Atmosphäre auf und bildet daraus Blatt- und gleichzeitig Wurzelmasse. Da sich der Humusgehalt vor allem aus abgestorbenen Wurzeln erhöht, haben *mehrjährige* Pflanzen ein höheres Potenzial, im Laufe der Jahre sukzessive Biomasse im Boden anzureichern.

Wie bei jeder Bilanz kann auch der Humus in der Erde nur dann Nettozuwächse aufweisen, wenn das Wachstum die Kohlenstoffverluste übertrifft.[3] Deshalb ist immer beides vonnöten: sowohl die Förderung des Zuwachses – insbesondere durch die Nutzung *mehrjähriger* Pflanzen, die Jahr für Jahr Wurzeln nachschieben können – als auch die Hemmung des Abbaus und der Erosion durch den dauerhaften Bewuchs des Bodens.

Eine dichte und ganzjährige Bodenbedeckung bieten am ehesten nachhaltig bewirtschaftete Weiden und Wiesen, die zu einem erheblichen Teil mit mehrjährigen Gräsern bewachsen sind. In der Klimadebatte werden aber mit *mehrjährigen* Pflanzen fast immer nur Bäume bzw. Wälder assoziiert. Sie stehen bei der Frage, welche biologischen Prozesse zur Speicherung von atmosphärischem Kohlenstoff für die Begrenzung des Klimawandels genutzt werden können, im Zentrum der Wahrnehmung durch Politik und Forschung.

Immerhin. Doch das hilft selbst dem Regenwald nur begrenzt. Ihm droht weiterhin Vernichtung. Der Einsatz von benzinbetriebenen Motorsägen im 20. Jahrhundert ließ ihn bedrohlich schrumpfen.[4] Inzwischen rücken ihm die Konzerne zusätzlich mit tonnenschweren Maschinen zu Leibe. Obwohl Regenwald inzwischen in Umwelt- und Naturschutzorganisationen sowie in der breiten Öffentlichkeit eine wichtige Lobby hat[v], stammen die größten Verluste erst aus den vergangenen 20 Jahren.[vi]

Im Unterschied zum Wald sind die enormen Potenziale des Grünlandes zur Begrenzung des Klimawandels trotz seiner gigantischen Flächendimension bisher in der Öffentlichkeit wenig bekannt. Da ihm eine entsprechende Lobby fehlt, wird der Umbruch von Dauergrün- zu Ackerland weit weniger als Drama wahrgenommen, als die Abholzung von Wald.[vii]

Darin liegt ein entscheidendes Defizit in der Agrarforschung und in der Klimadebatte: mit fatalen Folgen – auch für die Kuh.

[3] Da Humus zu 58 Prozent aus Kohlenstoff besteht, kann sein Gehalt durch Messung seines Kohlenstoffgewichts ermittelt werden.

[4] Viele Wälder sind in Europa bereits im Mittelalter abgeholzt worden.

Die CO_2-Sättigungskurve der Wälder

Wälder gemäßigter Klimazonen speichern circa ein Drittel des Kohlenstoffs in den Bäumen *über* dem Erdboden und zusätzlich circa zweimal so viel in ihrer *unter*irdischen Wurzelmasse. Wald hat bezüglich des Ist-Zustandes – des in der Biomasse auf und im Boden gespeicherten Kohlenstoffs – eine immense Bedeutung als Kohlenstoff-Speicher. Aber das Wachstum der Bäume – und damit ihr Potenzial zur CO_2-Fixierung unterliegt einer Sättigungskurve. Denn Bäume generieren mit zunehmendem Alter immer weniger oberirdischen Massezuwachs und bilden kaum Wurzelmasse hinzu. Deshalb erhöht sich der Humusgehalt der Böden älterer Wälder nicht mehr wesentlich.

Wegen ihres üppigen Grüns wurde in den Böden der tropischen Regenwälder lange Zeit viel Humus vermutet – und somit eine besonders hohe Bodenfruchtbarkeit. Die Bäume der Regenwälder wurzeln extrem flach und bilden nur eine dünne Humusschicht. Das permanent versickernde Wasser *wäscht* sie aus – so der Fachjargon. Deshalb sind die Böden der Regenwälder erheblich humusärmer als zum Beispiel diejenigen europäischer Mischwälder.

Durch Abholzung werden sie zur Kohlenstoff-Quelle, da dabei riesige Mengen von Kohlenstoff, die in der ober- und unterirdischen Biomasse gespeichert sind, wieder in die Atmosphäre gelangen. Je kürzer der Zyklus von Nutzwäldern ist, desto schneller wird gespeicherter Kohlenstoff wieder freigesetzt. Natürlich leitet sich nicht nur aus der Bedeutung von Wäldern für den bereits gespeicherten Kohlenstoff die Notwendigkeit zu ihrem Schutz und Erhalt ab. Wälder sind wesentlich für die biologische Vielfalt und auch heute noch Heimat vieler Menschen.[viii]

Die entscheidende und nicht durch andere Ökosysteme ersetzbare Bedeutung für das Klima hat der Regenwald durch seinen Einfluss auf den Weltwasserhaushalt: Die durch den *Wasser- und Kühlkreislauf* bewirkte Verdunstungskälte kompensiert die Klimaerwärmung, verdunstendes Regenwasser wird zu feucht-warmer Luft, aus der sich wieder Regenwolken bilden.

Kapitel 4
Globale Landschaftsgärtner: Wir brauchen die Kuh!

Ohne Graser kein Gras: ohne Bison keine Prärie, ohne Gnu keine Serengeti, ohne Wisent und Auerochse ...? Heute zählen Teile der ehemaligen Prärien Nordamerikas und der Steppen der Ukraine zu den weltweit ertragreichsten Böden. Ihre legendäre Fruchtbarkeit verdanken diese größten *Kornkammern* der Welt nicht zuletzt der Co-Evolution zwischen Weidetieren und Gräsern. Noch größer ist aber die Bedeutung der Weidetiere für die *nicht ackerfähigen Böden*: Ob mongolische Steppe, südamerikanische Pampa oder afrikanische Savanne – es ist das gigantische Flächenausmaß, das die Beweidung dieser unendlichen Weiten trotz verbreiteter Trockenheit so entscheidend für die menschliche Ernährung macht – und für das Klima!

Ohne Rasenmäher kein Vorgartengrün und kein *Green* auf dem Golfplatz. Mechanische und motorisierte Mähmaschinen haben die weidenden Vierbeiner vielerorts schon lange verdrängt und sind so sehr zur Norm geworden, dass heute nicht selten *Rasenmäher* sagt, wer Schaf, Pony oder Kaninchen in seinem Vorgarten meint. Wer weidete eigentlich in unseren Breiten, ehe mit Kraftstoff betriebene Motoren das Mähen übernahmen und vor allem, ehe ein Großteil der ehemaligen Weideflächen zu Äckern umgepflügt oder asphaltiert wurde?

Grasslands of the world

Grasslands of the world – im Jahr 2005 veröffentlichte die Welternährungsorganisation FAO auf fast 500 Seiten eine Bestandsaufnahme der weltweiten Grünlandvorkommen.[i] Klimaexperten, die *Grasslands Carbon Working Group*, untersuchen die Bedeutung des Grünlandes für die Kohlenstoffspeicherung und veröffentlichen länderspezifische Informationen zu den Gras-Ökosystemen.[ii] Deren Gesamtfläche beträgt 52,5 Millionen Quadratkilometer. Somit bedeckt Grünland über 40 Prozent der Landfläche der Erde[1] [iii] und circa 70 Prozent der Flächen, die die FAO der Landwirtschaft zuordnet.

Dennoch – das Wissen über seine speziellen und je nach Klimazone unterschiedlichen Eigenschaften ist erstaunlich wenig verbreitet. Weil völlig unterschätzt kommt Grünland in Debatten über die Zukunft unseres Planeten meistens gar nicht vor.[iv] Das könnte sich ändern. Das muss sich ändern.

Die gigantischen *Grasslands of the world* speichern in ihren Böden mehr als ein Drittel des globalen Kohlenstoffs. In Steppenböden wird regional mehr als 80 Prozent der Biomasse in den Wurzeln vermutet.[v]

Weil aber dem Grünland bisher so wenig Bedeutung beigemessen wird, liegt darin zurzeit vor allem ein großes Risiko. Denn Grünland wird umgepflügt, um daraus Äcker und Felder zu machen. Das führt zu erheblichen Verlusten von Kohlenstoff und Biomasse aus dem Boden – in vielen Regionen bis zu einem Drittel der gespeicherten Menge.[vi] Bisher dominierte die steigende Nachfrage nach eiweiß- und energiereichem Futter für die industrialisierte Landwirtschaft bei der Abholzung von Regenwald und dem Umbruch von Grünland. Inzwischen fordert zudem der Energieverbrauch seinen Tribut.[2]

Diese Monokulturen sind aus energetischer Sicht absurd, wenn man den zu ihrer Erzeugung notwendigen Input, vor allem den Energieverbrauch, vom Output abzieht. Das gilt für den expandierenden Anbau von Hochleistungstierfutter ebenso wie für die Produktion von Agrarkraftstoffen. Denn nachhaltig genutztes Grünland kann pro Flächeneinheit mehr nutzbare Energie hervorbringen als Ethanol aus Mais oder Soja. Und gleichzeitig leistet es einen Beitrag zur Verringerung der Treibhaus-

[1] Nicht einberechnet sind die Eisflächen Grönlands und der Antarktis, wo es bisher kein Grünland gibt. In Europa wächst auf einem Viertel der Landfläche Grünland.

[2] Durch *Landgrabbing* sichern sich Regierungen und Konzerne in Ländern des Südens Böden für *Cash Crops* (englisch für *Geld-Pflanzen*), um Tierfutter und zunehmend auch Agrarenergie anzubauen. Zum Nutzen der Wohlhabenderen auf anderen Kontinenten bedroht *Landgrabbing* die Versorgung der lokalen Bevölkerung mit Lebensmitteln.

Vgl. S. 51ff. *Killing Fields – Wie wir das Klima und die Böden zerstören.*

gase und zur Erhöhung der Bodenfruchtbarkeit – ohne Boden, Wasser und Luft mit Agrarchemikalien zu verschmutzen.[vii]

Was angesichts der sich ausbreitenden Industrialisierung der Landwirtschaft klingt wie Zauberei, macht letztlich deutlich, dass Daten meistens sehr einäugig ausgewählt und verwendet werden: Berechnet wird überwiegend nur die Energie, die heraus kommt (Output), ohne davon den Energieaufwand abzuziehen, der Anbau und Ernte erst möglich gemacht hat (Input). Die Unterschiede zwischen nachhaltig und intensiv bewirtschafteten Flächen nehmen mit der Zeit zu: In mehrjährigen Versuchen in den USA lag der Grünlandertrag nach einem Jahrzehnt 238 Prozent über der Ernte der Monokulturen.[viii]

In den 1950er Jahren startete das Grünlandinstitut in Berkshire westlich von London ein Projekt zur Bodenfruchtbarkeit mit ungewöhnlich langer Laufzeit: Von 1955 bis 1984 verglichen die Forscher die Entwicklung von Grünland und einem Gerstenfeld auf deren Nachhaltigkeit. Am Ende betrug die Biomasse im Boden unter der Gerste ein Drittel weniger als zu Beginn. Damit sank die Wasser- und Nährstoffverfügbarkeit, so dass auch die Ernten zurückgingen. Hingegen nahm die Biomasse unter dem Grünland um die Hälfte zu. In den ersten zehn Jahren stieg dort der Kohlenstoffgehalt des Bodens jährlich um eine Tonne pro Hektar.[ix]

Die Ergebnisse – das Potenzial von mehrjährigen gegenüber einjährigen Pflanzen – wurden 1990 veröffentlicht, aber von der Politik weitgehend ignoriert.[3] Das Institut wurde inzwischen geschlossen.[x]

Zwar engagieren sich inzwischen Umweltorganisationen auch für den Erhalt des Grünlands, aber noch hat es im Gegensatz zum Regenwald und den Mooren eine viel zu kleine Lobby.[xi]

Nicht nur die Umnutzung – der Umbruch von Grün- zu Ackerland – ist problematisch. Auch seine nicht nachhaltige Nutzung – die Übernutzung ebenso wie die Unternutzung – provoziert den Verlust von Humus und damit die Freisetzung von riesigen Mengen Kohlenstoff – zum Schaden der Bodenfruchtbarkeit und des Klimas. Dazu zählen auch nichtnachhaltiges Beweidungsmanagement und Überdüngung mit Gülle und synthetisch hergestelltem Stickstoffdünger.[4]

[3] Acker- und Feldfrüchte wie Getreide, Rüben, Möhren oder Kartoffeln werden innerhalb eines Jahres geerntet, so dass für Wurzelbildung kaum Zeit bleibt.

[4] Vgl. S. 51ff. *Killing Fields – Wie wir das Klima und die Böden zerstören.*

Das Potenzial der Gräser zur Erhöhung der Fruchtbarkeit der Böden bei gleichzeitiger Entlastung der Atmosphäre vom Treibhausgas CO_2 liegt in ihrer *Mehrjährigkeit*. Bei nachhaltiger Nutzung reichern Gräser im Laufe der Jahre Biomasse auch im Boden an. Die Wurzeln von heute sind der Humus von morgen: Ein Teil der Wurzeln stirbt nach und nach ab und wird zusammen mit anderen abgestorbenen Pflanzenresten von der *lebendigen Erde*[xii] zu Humus weiterverdaut. Boden(mikro)organismen – wie Regenwürmer und Bakterien – können so den Humusgehalt sukzessive erhöhen.

Von Bäumen und Wäldern in gemäßigten Klimazonen sehen wir circa ein Drittel, während zwei Drittel unterirdisch im Verborgenen wachsen. Gräser und Grasland haben das Potenzial, im Verhältnis noch viel mehr Biomasse *im* als auf dem Boden zu bilden. Da ihr Wachstum nicht einer vergleichbaren Sättigungskurve unterliegt, können sie ihre unterirdische Wurzelmasse nach jeder Beweidung durch gezüchtete Tiere und freilebendes Wild mehren – nachhaltiges Management vorausgesetzt.[xiii]

Entscheidend ist, dass von der CO_2-Menge, die im Lauf eines Vegetationszyklus aus der Atmosphäre entfernt und im Boden gebunden wird, ein relevanter Anteil dort auch gespeichert bleibt. Beweidung stellt die weltweit größte anthropogene Landnutzung dar – wegen der riesigen Ausdehnung der Grünlandflächen.[5] Deshalb hat nachhaltiges Weidemanagement das Potenzial, mehr Kohlenstoff zu speichern als jede andere landwirtschaftliche Praxis.[xiv]

Umso bemerkenswerter ist, wie sehr Grünland ignoriert wird. Ein Großteil wächst in meist entlegenen und dünn besiedelten Regionen; darin besteht aber nur *ein* Grund für seine weitgehende Unterschätzung. Der Hauptgrund dafür, dass die großen Potenziale von Grünland bisher weitgehend gar nicht wahrgenommen werden, liegt in der Natur der Sache: Grünland ist *anders*. Anders als Wald. Und anders als Acker sowieso. Seine Besonderheit ist nur im Kontext mit seiner Entstehung zu begreifen – der Co-Evolution von Gras und Grasern.

[5] Zu den Steppen der gemäßigten Zone gehört die *Eurasische Steppe*, die sich über Tausende Kilometer von der östlichen Mongolei bis zur rumänischen *Baragan* und zur ungarischen *Puszta* erstreckt. Sie bot das Futter für die tierische Energie, mit der Dschingis Khan und seine Nachfolger bis nach Osteuropa vordrangen.

Gras ist anders (1)

Gras ist anders, so anders, dass sich die Frage stellt, ob es *trotz* oder *wegen* der Beweidung wächst.

Angesichts einer Weide mit zum Beispiel 20 bis 30 Zentimeter hohem Bewuchs, den eine Herde innerhalb kurzer Zeit auf zehn oder weniger Zentimeter herunterfrisst, drängt sich die Vermutung auf, die Gräser würden *trotz* der Graser wachsen. Dieser Wahrnehmung steht aber eine entscheidende Erkenntnis entgegen: Beweidung löst bei den Gräsern einen Wachstumsimpuls aus.

Aber auch das ist noch nicht die ganze Wahrheit; das gesamte Potenzial der Beweidung wird erst durch die folgende Frage wahrnehmbar: Was passiert mit einer Wiese, die *nicht* beweidet (oder gemäht) wird?

Dann würden die Gräser im Frühjahr kräftig und anschließend immer langsamer wachsen und letztlich Samen bilden. Einzelne Samen, die in den Boden gelangen, können dort – Feuchtigkeit und entsprechende Temperaturen vorausgesetzt – keimen, Wurzeln bilden und dann ebenfalls wachsen.

Die in diesem Beispiel fehlenden Weidetiere würden aber nicht nur das Gras *nicht* beweiden: Ohne Graser blieben Konkurrenten der Gräser – wie Busch- und Baumschösslinge – ebenfalls unbeweidet und wüchsen weiter. Auf Dauer verdrängen größere Pflanzen die Gräser, indem sie ihnen Licht und Nährstoffe nehmen.

Wie schnell dieser *Sukzession* genannte Prozess abläuft, hängt vor allem von der Wasserverfügbarkeit bzw. der vorhandenen Luftfeuchtigkeit sowie den Temperaturen ab: In gemäßigten Breiten entsteht Wald, in (semi-)ariden Zonen entwickelt sich mit zunehmender Trockenheit – wie im afrikanischen Sahel oder im südlichen Afrika – entweder der so genannte *Busch* oder aber Wüste, d.h. kahler, unbewachsener Boden.[6] Entsprechend sorgen große Graser für Licht, wenn sie bewaldete Gebiete quasi öffnen und dadurch auch Graswachstum ermöglichen.

Deshalb lautet die korrekte Antwort: Gräser können auf Dauer nur trotz *und* wegen der Beweidung wachsen. Kurz: ohne Graser kein Gras.[7]

[6] Verbuschung und Wüstenbildung sind somit Phänomene, die sowohl durch Übernutzung als auch durch Unternutzung entstehen. In der Diskussion dominiert aber die Übernutzung – die Überweidung. Vgl. S. 85ff. *Hirtenvölker – Warum heißt der gute Hirte eigentlich Pastor?*

[7] Auch die Definition im *Oxford Dictionary of Plant Sciences*, dem Klassiker der

[xv] Ob das Beweiden zum Auf- oder zum Abbau von Bodenbiomasse führt, hängt vom jeweiligen Beweidungsmanagement ab. Denn entscheidend für den Energiehaushalt der Graspflanze sind ihre Energievorräte zum Zeitpunkt der Beweidung und die Zeit, die danach verbleibt, bis der nächste Graser kommt.

Weidemanagement – Die Co-Evolution von Gras und Grasern

Wer wissen will, wie unsere Landschaften und mit ihnen die Böden entstanden sind, muss wissen, von wem und wie sie in der Vergangenheit bewohnt worden sind. Tieren kommt eine entscheidende Rolle bei der Verbreitung von Pflanzen zu.[8] Seit einigen Jahren wächst in den Naturschutzverbänden die Erkenntnis, wonach wir das Königreich der Tiere einschließlich der weidenden und wandernden Graser nicht ausschließen dürfen, bei dem Versuch, die biologische Vielfalt zu erhalten.

Grundsätzlich gilt ein *von unten nach oben*: Der Pflanzenbewuchs bestimmt, wie viele Pflanzenfresser davon leben können, von denen wiederum die Zahl der Raubtiere abhängt bzw. die Menge, die Menschen durch Jagd oder Schlachtung entnehmen können, ohne das System zu stören. Ob Wisent, Bison, Gnu oder Auerochse – das Wissen über Wiederkäuer, die in Jahrtausenden riesige Landschaften und Lebensräume unseres Planeten geprägt haben, war noch zu Beginn des 20. Jahrhunderts auch in der Wissenschaft gering.

In Europa dominiert(e) die Vorstellung, Wald würde sich flächendeckend ausbreiten, wenn nur der Mensch nicht mehr *in die Natur* eingreifen würde. Bei dieser Wahrnehmung werden aber die großen Herbivoren – wiederkäuende Grasfresser und Pferde – übersehen: Sie sind als Teil der Natur zugleich Gestalter und Bestandteil ihrer Lebensräume. Das gilt natürlich für alle Tiere, aber für manche mehr: Wie im dichten Busch der Elefant haben große Herbivoren die Funktion, Gelände für andere zu öffnen: Das Resultat sind *offene Weidelandschaften*, in denen sich Wiesen und Wald abwechseln.[xvi]

Pflanzenwissenschaften, übergeht den Zusammenhang zwischen Grasland und Grasern: Als vorrangig wirkende Umweltbedingungen werden Klima und Mensch genannt, das heißt, die Bedeutung der Beweidung durch Wildtiere wird übersehen.

[8] Vgl. S. 93ff. *Samentaxi mit goldenem Tritt.*

Aber nicht nur die irrtümliche Annahme, ohne den Menschen wüchse in Mitteleuropa überall Wald, führt(e) dazu, die Bedeutung der großen Graser für die Landschaftsentwicklung zu unterschätzen. Als wesentliches Hemmnis erwiesen sich Unwissenheit, aber auch übergroße Ehrfurcht und Ignoranz durch das vom Schöpfungsmythos dominierte Wissenschaftsverständnis. Die Überzeugung, dass sich Lebewesen nicht evolutionär verändern, verhinderte und verbot bis weit in das 18. und teilweise bis in das 19. Jahrhundert, auffällige und besonders große Knochen als das zu erkennen, was sie waren: Fossile oder Überbleibsel der Vorfahren gegenwärtiger Tiere.

In *Der lange Weg der Erkenntnis* nennt der Paläontologe Wighart von Koenigswald konkrete Beispiele.[xvii] Demnach galten Knochenfunde unbekannter Größe oder Form lange Zeit als Teile von Riesen oder anderen Fabelwesen. Diesem allgemeinen Verständnis entsprechend, zierten manche von ihnen Jahrhunderte lang öffentliche Gebäude wie Kirchen und Rathäuser. In der Zeit der Aufklärung als *peinliches Zeugnis der Unwissenheit* entlarvt, gelangten sie nur selten in anatomische Sammlungen. Erst als die Zeit im 19. Jahrhundert reif war für Charles Darwin und die Evolutionstheorie, fühlten sich Forscher ermutigt, fossile Arten als eigenständig zu klassifizieren.[9]

So entwickelte sich aufgrund zunehmender Fossilienfunde eiszeitlicher Großsäuger gegen Ende des 19. Jahrhunderts die Erkenntnis, dass vor der letzten Eiszeit Tundren und Steppen viele Regionen Mitteleuropas bedeckten. Im Pleistozän zählten Mammut, Wollnashorn, Flusspferd, Wasserbüffel, Wildpferd, Auerochse, Wisent und Steppenbison zu den mitteleuropäischen Großherbivoren. Ob allein das Klima zur Ausrottung (vor)eiszeitlicher Graser geführt hat, oder ob auch der Mensch daran beteiligt war, ist umstritten.[10] [xviii] Nur Auerochse, Wildpferd und Wisent

[9] In der Kirche St. Michael in Schwäbisch Hall wird seit 1605 ein Knochenfund aufbewahrt, der ursprünglich dem *Unicornum fossile*, dem Einhorn, zugeschrieben wurde; in der Kirche St. Maria in Köln galt ein Walknochen als vermeintliche Rippe der biblischen Maria – die *Zint Märgens Ripp*.

[10] Anhänger der *Megaherbivorenhypothese* vertreten die Überzeugung, dass der Mensch entscheidend zum Aussterben der großen Graser, die vor dem Ende der letzten Eiszeit in Europa gelebt haben, beigetragen hat. Zur Erforschung dieser Hypothese startete 1992 ein Naturschutzprojekt mit Rindern und Pferden in den Lippeauen, um die Wechselwirkungen zwischen Flora und Fauna zu untersuchen.

Wasserbüffel[11]

Die bisher frühesten Belege haben domestizierte Wasserbüffel aus dem vierten und dritten Jahrtausend vor Christus hinterlassen: Arbeitstiere in chinesischen und indischen Reisfeldern. Paläontologen vermuten, dass anfänglich ihr Fleisch interessierte.[xix] Ihre ersten Nachweise in Südost- und Südeuropa (Schwarzmeerregion) stammen aus dem ersten bis fünften Jahrhundert nach Christus. Seit dem neunten Jahrhundert sind kleine Büffelherden im Süden Italiens nachweisbar. Mit der türkischen Besetzung gelangten Hausbüffel immer weiter nach Westen.

Heute leben weltweit circa 170 Millionen domestizierte Wasserbüffel, die meisten in Indien (75 Millionen) und China (22 Millionen).[xx] Die männlichen Tiere arbeiten als Zugtiere.[12] Sie sind extrem genügsam. Ihre Pansenbewohner helfen, Stroh, Binsen und Schilf in Milch und Fleisch zu verwandeln, Futter, das selbst Robustrinder nur in Maßen fressen.

Lokale Traditionen entwickelten sich mit Wasserbüffeln in den vergangenen Jahrhunderten auch im gemäßigten Klima mit kalten Wintern in Mitteleuropa: Die wirtschaftliche Bedeutung der heute circa 180.000 Wasserbüffel in Rumänien basierte auf der Zugnutzung, erst nach und nach kommt nun die Milchnutzung hinzu. In Italien steht seit langem die Milch- und auch die Fleischnutzung im Vordergrund – bei einem Bestand von heute circa 190.000 Tieren. Entsprechend unterschied sich in der Vergangenheit die züchterische Ausrichtung.

Bereits vor dem 1. Weltkrieg hatte ein deutscher Tierzuchtinspektor Wasserbüffel aus Siebenbürgen eingeführt und 1917 den ersten *Deutschen Büffelzuchtverein* gegründet. Für seinen Plan, in Deutschland eine Population aufzubauen, fand er aber keine ausreichende Unterstützung.[xxi] 1999 wurde der *Deutsche Büffelverband e.V.* in Niedersachsen gegründet.[xxii] Die Zählung am 1. März 2010 ergab 2.362 Wasserbüffel – viermal so viele wie zehn Jahre zuvor. Während die Verbandsbetriebe weiterhin überwiegend Mutterkuhhaltung betreiben, um Fleisch zu produzieren, erhöht sich nun langsam die Zahl der Betriebe, die Wasserbüffel auch für die Milchproduktion halten.

[11] Vgl. S. 143ff. *„Vertrauen ist mein Kapital.“*.

[12] In Indien stammt der überwiegende Teil der Milch von Büffelkühen. Sie werden aber verdrängt durch den Import von *Exoten* – insbesondere Holstein-Friesian-Kühe, die als Milchrasse Nr. 1 für ihre hohen Leistungen Kraftfutter benötigen.

überstanden die letzte Eiszeit, wie auch in Deutschland zahlreiche Funde von Schleswig-Holstein bis Bayern und von Rheinland-Pfalz bis Sachsen belegen.[xxiii]

Das Ende dieser Eiszeitüberlebenden in Freiheit hat unbestritten der Mensch zu verantworten. Als der leidenschaftliche Natur- und Artenschützer Bernhard Grzimek[13] vor über einem halben Jahrhundert vor der Vernichtung der letzten frei lebenden Großwildherden in den afrikanischen Savannen warnte, waren die großen Graser Europas, Asiens und Amerikas durch Zerstörung ihrer Lebensräume und Bejagung bereits weitgehend oder völlig ausgerottet: Der Auerochse war ausgestorben, vom Prärie-Bison lebten – immerhin – noch einige Hundert Exemplare und vom europäischen Wisent existierten nur Nachkommen von Tieren, die in Zoos überlebt hatten.[xxiv]

Der Wisent ist das größte europäische Säugetier. Sein Lebensraum reichte vom Kaukasus bis zu den Pyrenäen. Wisent-Zeichnungen belegen seine Verbreitung vor der letzten Eiszeit: Die bekanntesten zeigen Vorfahren des heutigen Wisents in der berühmten Höhle von Altamira in Nordspanien. Der nacheiszeitliche Ausrottungsprozess begann im 11. Jahrhundert, erreichte die letzten völlig freilebenden Individuen in Westpreußen Ende des 17. Jahrhunderts und in Ostpreußen 1775. Im 18. Jahrhundert lebten aber noch Wisente im Urwald von Bialowieza in Polen, wo sie bewacht und im Winter zugefüttert wurden. Sie dienten bis 1785 polnischen Königen und später russischen Großfürsten zur Jagd. Der letzte wurde 1919 erlegt.[14] [xxv]

Die Popularität des europäischen bzw. eurasischen Auerochsen gründet vor allem auf seiner Verewigung in der Höhle von Lascaux: Das Alter der Zeichnung wird auf mindestens 15.000 Jahre geschätzt. Der Auerochse ist Beleg dafür, dass *Ochse* früher kein Synonym für *Kastrat*, sondern für *Rind* war. Von ihm stammen alle europäischen Hausrinder ab. Durch Jagd und die Zerstörung des Lebensraums begann sein Niedergang bereits im 9. Jahrhundert. Das letzte bayerische Exemplar wurde um 1470 abgeschossen, das letzte europäische 1627 in Polen.[xxvi]

[13] 1975 gehörte Bernhard Grzimek zu den Mitbegründern des Bund für Umwelt und Naturschutz Deutschland (BUND).

[14] Die heute wieder im Urwald von Bialowieza angesiedelten Wisente sind Nachkommen von Wisenten, die im 18. und 19. Jahrhundert an Zoos und Gehege verschenkt oder verkauft worden waren.

40 Millionen gelten als gesichert, aber manche Experten schätzen, dass bis zu 50 Millionen Bisons die *Great Plains* bewohnten, bevor Europäer die nordamerikanischen Steppen zwischen North Dakota und Texas besiedelten – und pflügten.[xxvii] Zum Schutz vor den vorhandenen Raubtieren schlossen sich die Bisons zu riesigen Herden zusammen und zogen grasend von der kanadischen bis zur mexikanischen Grenze. Durch Verbiss unterdrückten sie das Aufkommen von Bäumen und Büschen und ermöglichten dem abgeweideten Steppengras, sich in der Zwischenzeit zu regenerieren. Den beispiellosen Ausrottungsfeldzug hatten bis zum Ende des 19. Jahrhunderts nur 800 Exemplare überlebt – die meisten im Yellowstone-Nationalpark![xxviii]

Mit besonderem Blick auf die letzten riesigen Herden frei lebender Wiederkäuer in Afrika rüttelte Bernhard Grzimek seit 1956 die Öffentlichkeit auf und weckte ihr Interesse für dramatische menschengemachte Umweltveränderungen: *Ein Platz für Tiere*, die bis heute erfolgreichste Dokumentarserie, erreichte in deutschen Wohnzimmern Einschaltquoten von über 70 Prozent. Sein Engagement galt generell bedrohten Tieren und deren Lebensräumen. Aber Bernhard Grzimek zählte als erster die Tiere der in der Serengeti lebenden Großwildherden und machte sichtbar, wie gefährdet ihr Überleben durch die Unterbrechung ihrer Wanderwege war. So rührte vorerst nicht das Schicksal der heimischen, sondern das exotischer Tiere die Gemüter. Für seinen Dokumentarfilm *Serengeti darf nicht sterben* erhielt er als erster Deutscher einen Oscar.[xxix]

Bernhard Grzimek hatte Afrikas Großsäuger bereits in den 1950er Jahren als *Kulturdenkmäler* bezeichnet, die ebenso erhaltenswert seien wie die Akropolis oder der Louvre. Dass auch heute noch mehr als eine Million Gnus leben, verdanken sie den erfolgreichen Kampagnen für die Erhaltung ihres natürlichen Lebensraums, der auch an Ländergrenzen nicht durch Zäune gequert wird. Die grenzüberschreitend verbundenen Nationalparks ermöglichen den Gnus Jahr für Jahr, über 3.000 Kilometer weit zu ziehen. Auf dieser heute weltweit längsten Wanderung von Landtieren – durch die Serengeti Tansanias und die Masai Mara Kenias – folgen die Gnus auf ihrem Rundweg dem Graswachstum, das durch kleine und große Regenzeiten ausgelöst wird.

Bis heute bringt die europäische Öffentlichkeit ihren *Kulturdenkmälern* – insbesondere dem Wisent und dem Auerochsen – keine vergleichbaren Gefühle entgegen wie den auf Safaris *erfahrbaren* afrikanischen Grasern. Aber bereits seit einigen Jahren integrieren Experten in

Deutschland Wisente und die dem Auerochsen (nur) optisch ähnelnden kleineren Heckrinder und größeren Taurusrinder in Naturschutzprojekte.[xxx] Ihre amerikanischen Kollegen sind schon einen entscheidenden Schritt weiter: Dort arbeiten inzwischen Landwirte und andere Rinderhalter mit Tausenden Bisons daran, durch falsche Intensivwirtschaft zerstörte Prärieböden wieder zu revitalisieren.[xxxi]

Einige engagieren sich zusammen mit Indianern in einem besonders ambitionierten Projekt – den *Buffalo Commons*: Dort erhalten die Prärie und ihre pflanzlichen und tierischen Bewohner den Status von *Gemeingütern*. In ihrem Film *Die Rückkehr der Büffel* dokumentieren Kamil Taylan und Wolf Truchsess von Wetzhausen die Protagonisten dieses neuen, etwas anderen amerikanischen Traums.

Gras ist anders (2)

Um die Bedeutung der wandernden Herden für die Landschafts- und Bodenentwicklung leichter zu verstehen, eignet sich vielleicht der alltägliche Umgang mit einem Auto als Vergleich, um den Energiehaushalt einer Graspflanze und ihrer Wurzeln besser zu verstehen. Dieses Beispiel ist auf die Aufnahme und Abgabe von Energie fokussiert.

Theoretisch gehört zu den entscheidenden Faktoren, die darüber entscheiden, wie viel Kraftstoff in einem Auto verfügbar ist, neben der Größe des Tanks und des Reservetanks auch, wie viel Zeit an der Tankstelle zum Tanken bleibt, also mit wie viel Energie Tank und Reservetank *tatsächlich* wieder gefüllt werden.

Es klingt und ist banal: Je leerer die Tanks eines Autos sind, desto länger dauert es, bis sie vollständig betankt sind. Entsprechend verfügt ein Auto über umso geringere Energievorräte im Tank, desto kürzer die Zeit zum Tanken war. In diesem Beispiel übernimmt die Tankstelle für das Auto die Rolle der Sonne für die Graspflanze.

Vereinfacht ausgedrückt, können sich für eine abgeweidete Graspflanze zwei verschiedene Möglichkeiten ergeben.

Variante eins: Ihr ist noch so viel oberirdisches energiereiches Pflanzengrün verblieben, dass die Photosynthese umgehend wieder einsetzen kann. Dann fixieren die Grashalme mit Hilfe der Sonnenenergie CO_2 aus der Luft, bilden neues Grün und geben gleichzeitig Kohlenstoff in die Wurzeln ab als Voraussetzung für deren weiteres Wachstum. Sukzessive wird daraus Exsudat gebildet, aus dem unter Mitwirkung vieler (Mikro-) Organismen Humus entsteht.

Variante zwei: Die Energie im verbliebenen Pflanzengrün reicht nicht, um den Prozess der Photosynthese unmittelbar nach der Beweidung in Gang zu setzen. Dann muss die Graspflanze ihren Reservetank anzapfen – ihre Wurzeln. Sie baut eigene Wurzelmasse ab und mobilisiert dabei aus den Kohlehydraten eigene Energie. Erst wenn sie mit Hilfe dieser Wurzelenergie soviel oberirdisches Grün gebildet hat, dass die Photosynthese wieder einsetzt, kann auch sie wieder Kohlenstoff in die Wurzeln für deren weiteres Wachstum leiten. Zuerst muss sie dann den Verlust kompensieren, also ihren Reservetank wieder auf den Füllungszustand von vorher bringen. Erst dann kann sie zusätzliche Biomasse im Boden generieren und damit quasi ihren Reservetank für die Zukunft vergrößern.

Egal ob Variante eins oder zwei: Entscheidend ist, wie viel Zeit der Graspflanze anschließend an die Beweidung bleibt:

Reicht die Zeit, bevor der nächste Graser kommt, um den Verlust – bedingt durch *Anzapfen* und natürlichen Wurzelabbau – zu kompensieren? Denn kommt der nächste Graser, bevor die Graspflanze ihre Reserven in der Wurzel wieder aufgefüllt hat, beginnt sie den nächsten Wachstumszyklus auf einem schlechteren Niveau als beim Mal davor: Mit weniger Wurzelmasse verfügt sie über einen geringeren Einzugsbereich für die Nährstoffaufnahme und über weniger Energiereserven. Anders ausgedrückt: Je mehr eigene Energie die Graspflanze zur Bildung von Blattmasse mobilisieren muss, desto mehr Regenerationszeit ist notwendig.[15] Wiederholen sich solche für die Pflanze zu kurzen Regenerationszyklen, schrumpfen ihre unterirdischen Energiereserven. Überweidung ist die zwangsläufige Folge – und letztlich das Absterben der Graspflanze.

Entsprechend hat ein nicht vollständig betanktes Auto weniger Reserven. Verbraucht es bis zur nächsten Tankstelle genauso viel Energie wie vor dem letzten Tanken, und steht wiederum nur die gleiche be-

[15] Ob und wie viel die Graspflanze in der Zeit, bis der nächste Graser kommt, wachsen kann, hängt – neben der Nährstoffverfügbarkeit durch die Wurzeln – von der Temperatur und der Feuchtigkeit ab: Im gefrorenen Boden kann sie ebenso wenig wachsen wie bei völliger Trockenheit.

Vgl. S. 133ff. „*Ekkehard ist der Schafmann, und ich bin die Rinderfrau.*“

grenzte Zeit zum Tanken zur Verfügung, ist anschließend (noch) weniger in den Tanks als beim letzten Mal. Die verfügbare Energie nimmt so zyklisch ab.

„Die Lebensgemeinschaft von Weidetier und Weidegras"

„Wir haben hier ein so eigenartiges, ja einzigartiges Buch vor uns, daß man die Übertragung ins Deutsche mit Freude begrüßen muß, (...) das Werk eines gelehrten Praktikers."[xxxii] Mit Begeisterung schreibt Ernst Klapp, Autor des deutschsprachigen Standardwerks *Wiesen und Weiden*[xxxiii], 1958 sein Geleitwort für das Buch *Die Produktivität der Weide* des Franzosen André Voisin.

Ernst Klapp, damaliger Direktor des Instituts für Pflanzenbau der Universität Bonn, nutzte sein Geleitwort für eine drastische Kritik an der eigenen Zunft: Er würdigte André Voisin als Pionier, der wie kein anderer *schwerwiegende Fehler und Mißverständnisse* aufgedeckt und *allgemeingültige Gesetze der Weideführung* entwickelt habe: „Gemeinhin arbeiten ja die besten Grünlandkenner und tüchtigsten Tierzuchtforscher auf verschiedenen Wegen. (...) Jedem Besucher der Grünlandkongresse musste auffallen, welchen geringen Raum die Hauptsache einnahm, (...) die Wechselwirkung von Weidekuh und Weidegras. (...) Denn nicht Ansaat und Düngung bilden die Weidenarbe, sondern Biß, Tritt und Exkremente des Weidetieres. [Das Buch ist] wie kein anderes geeignet, dem Weidewirt die Augen zu öffnen für das Wesentliche: für die Lebensgemeinschaft von Weidetier und Weidegras."

André Voisin hat wissenschaftlich belegt, dass Weidetiere in diese Lebensgemeinschaft unter nachhaltigen Rahmenbedingungen weit mehr einbringen, als nur – wie ein mechanisches Gerät – den *Rasen zu mähen*. Er machte wahrnehmbar, warum die Zeit, *bis der nächste Graser kommt*, so entscheidend ist, indem er den Blick *in* den Boden und auf die Bodenfruchtbarkeit lenkte. Graser wirken nicht nur durch das, was sie dem Boden wegnehmen, auf den Boden ein. Hinzu kommt ihr Dung, mit dem sie ihm einen Teil der Energie zurückgeben und Samen weiterverbreiten. Zudem enthält ihr Kot Mikroorganismen, die ihn in Wechselwirkung mit den Bodenorganismen weiterverdauen. Ebenso wichtig für die Ausbildung der Grasnarbe ist der Tritt der Klauen.[16]

1988 – fast 20 Jahre nach dem Erscheinen von André Voisins Klassiker über die *Lebensgemeinschaft von Weidetier und Weidegras* schrieb der Biologe und Naturschutzfachmann Allan Savory eine nicht minder begeisterte und begeisternde Einleitung anlässlich der englischsprachigen Neuauflage des Buches. Allan Savory bekennt, wie *ignorant* er beim ersten Lesen 1963 reagiert hätte. Damals lebte er in Rhodesien, beschäftigte sich mit Elefanten und Büffeln und sah in gezüchteten Rindern nur Schädlinge für die Natur: „Als Naturschützer war ich gegen Kühe, die mein geliebtes Afrika zu Tode überweideten.“[xxxiv]

In den folgenden Jahren machte Allan Savory mit Wildtieren unerwartete Erfahrungen, die der damals gängigen Lehre widersprachen. Vor allem, dass eine große Anzahl Tiere keineswegs ein Problem für die Bodenfruchtbarkeit darstellen muss. Obwohl Allan Savory seine Erkenntnisse vorerst nur auf Wildtiere bezog und Kühe weiterhin ablehnte, baten ihn verzweifelte Rinderfarmer um Hilfe: Sie hatten Ratschläge der staatlichen Forschungsstationen quasi mit religiösem Eifer befolgt und erkannten, dass das empfohlene Beweidungsmanagement mehr und mehr ihre Böden ruinierte.

Erst da kam Allan Savory zurück auf Voisins Klassiker: Lange hatte er keinen Zusammenhang erkennen können zwischen den saftigen Weiden in Frankreich und denen der trockenen afrikanischen Savanne. Aber nun begriff er die Bedeutung des Zeitfaktors beim Beweidungsmanagement: *The riddle of time* richtet die Aufmerksamkeit auf das Bedürfnis der Pflanze nach Erholung, bevor der nächste Graser kommt: „Voisin hatte bereits *das Geheimnis der Zeit* gelöst.“ Er hatte bewiesen, dass Überweidung nicht durch die Anzahl der Tiere entsteht, sondern dann, wenn sie zu früh zurückkommen. Voisin erkannte, „dass einfache Beobachtung von Kuh und Gras uns mehr über ökologische Zusammenhänge lehren kann, als die komplizierteste Forschung bisher entdeckt hatte“.[xxxv]

In Deutschland hatte Ernst Klapp nach dem Zweiten Weltkrieg maßgeblich dazu beigetragen, dass Grünland zur eigenständigen wissenschaftlichen Disziplin wurde: In den 1950er Jahren errichteten die meisten landwirtschaftlichen Fakultäten fachspezifische Grünland-Lehrstühle und Institute mit entsprechenden Forschungsmöglichkeiten.

[16] Vgl. S. 93ff. *Samentaxi mit goldenem Tritt.*

Aber viel zu früh verlor Europa seine wichtigsten Fürsprecher der *Lebensgemeinschaft von Weidetier und Weidegras*: Ernst Klapp wurde 1959 pensioniert, und mit nur 61 Jahren starb 1964 André Voisin – noch vor seiner Pensionierung. Die Botschaft dieser beiden Protagonisten der Bodenfruchtbarkeit beim Grünland blieb weitgehend ungehört bzw. wurde durch die zunehmend mit hohem Energieeinsatz und Stickstoff getriebene Forschung und Praxis innerhalb weniger Jahre verdrängt.

In der Folge geriet aber nicht nur die Bodenfruchtbarkeit beim Grünland aus dem Blick: Darüber hinaus verlor die agrarwissenschaftliche Forschung das Interesse an der arteigenen Fähigkeit der Grasfresser Nr. 1, Milch und Fleisch aus Gras und Heu bilden zu können. Denn die (agrar)wirtschaftspolitischen Rahmenbedingungen führten zur Züchtung auf Hochleistungstiere, an die nun energiereiches Kraftfutter – Mais, Getreide, Soja – verfüttert wurde. In der Folge leben immer mehr Rinder ganzjährig in Ställen, statt auf Weiden zu grasen, und das verbliebene Grünland wird immer intensiver gedüngt und meist gemäht.

Weltweit besteht seit einigen Jahren sogar die Tendenz, Grünlandinstitute zu verkleinern oder gar zu schließen. Forschungsprojekte zur Weidehaltung von Milchkühen sind heute die Ausnahme. Einige wenige mehrjährige Projekte werden aber inzwischen auch im deutsprachigen Raum durchgeführt – überwiegend im Rahmen der ökologischen Landwirtschaft. Sie sind wichtig, um unterschiedliche Beweidungssysteme und deren Wirtschaftlichkeit zu untersuchen.[17] [xxxvi] Unter speziellem Verweis auf Osteuropa betont *EkoConnect* die ökologischen Potenziale der Mutterkuhhaltung in Grünlandregionen.[xxxvii]

Generell ist die Forschung aber nicht nur weit von der *Lebensgemeinschaft von Weidetier und Weidegras* entfernt, sondern zunehmend ganz auf Alternativen zur Kuh ausgerichtet: Das Interesse gilt vor allem Gräsern, die bei intensiver Düngung schnell wachsen – als *Biomasse* für Biogasanlagen oder zur Erzeugung von Energiepflanzen.

Inzwischen nimmt aber auch in Deutschland die wissenschaftliche Kritik an dieser Entwicklung – *intensive Biomasse statt nachhaltige Weide-Kuh* – zu, weil energieintensive Produktionssysteme den Klimawandel anheizen. Angesichts des großen Potenzials des Grünlandes, CO_2 zu

[17] Aber vorerst richten auch diese Untersuchungen den Blick überwiegend noch nicht wieder *in* den Boden und somit nicht auf die Entwicklung der Wurzelmasse und der Bodenfruchtbarkeit.

speichern, kritisiert der Kieler Professor für Grünlandforschung, Friedhelm Taube, dass die „Datenbasis für das Ausmaß der CO_2-Speicherung in Abhängigkeit vom Grünlandalter, Bodenart und Bodenwasserhaushalt in Deutschland unzureichend dokumentiert“ ist. Er reklamiert erheblichen „Forschungsbedarf, um verlässliche Datengrundlagen sicher zu stellen und auf dieser Basis aussagefähige *carbon footprints* für unterschiedliche Futterproduktionssysteme zu dokumentieren“. [18]

Auch der Münchener Professor für Agrarökonomie, Alois Heißenhuber, plädiert aus Gründen des Klimaschutzes für das Grünland, „da es über Wurzelmasse und Humusbildung als CO_2-Senke fungiert“.[xxxviii]

Angesichts der verbreiteten Meinung, weidende Rinder seien *Klima-Killer* reagierten einige Medien im Frühjahr 2010 mit Überraschung auf die Ergebnisse mehrjähriger Untersuchungen von Steppengebieten in der inneren Mongolei. Die daran beteiligten Forscher Benjamin Wolf und Klaus Butterbach-Bahl hoben hervor, dass nachhaltige Beweidung dem Klima nicht nur nicht schadet: „Sie reduziert vielmehr die Abgabe von Lachgas an die Atmosphäre.“[xxxix]

Im Sommer 2010 erhielt die *Lebensgemeinschaft von Weidetier und Weidegras* – die ökologische, in Co-Evolution angelegte Rolle der Graser für das Grünland – eine hochgradige Würdigung für ihre Beiträge zur Erhöhung der Bodenfruchtbarkeit und der Begrenzung des Klima-Wandels:

Geehrt wurden Allan Savory und das *Africa Center for Holistic Management.* Sie erhielten für das Projekt *Operation Hope* zur Revitalisierung degradierter Böden den mit 100.000 Dollar dotierten *Buckminster Fuller Challenge Prize.*[xl] Der Preis würdigt Savorys Jahrzehnte langes Engagement im Rahmen des *Holistic Resource Management* für regeneratives Beweidungsmanagement. Besonders hebt der *Buckminster Fuller Challenge Prize* die besondere Bedeutung der Speicherung von CO_2 im Rahmen des Klimawandels hervor.[xli]

[18] Vgl. S. 83ff. *Pioniere einst und jetzt – Kuh-Zunft (2).*

Kapitel 5

Killing Fields – Wie wir das Klima killen und die Böden zerstören

In der Diskussion um den Klimawandel gerät aus dem Blick, dass nicht Klimagase *an sich* das Problem sind. Ohne Klimagase könnten Pflanzen, Tiere und Mikroorganismen gar nicht leben. Das Problem ist das *Zuviel* – die seit Beginn des Industrialisierungszeitalters durch Menschen verursachte Zunahme von Klimagasen.[i]

Denn die Industrielisierung wird mit Energie aus fossilen Brennstoffen betrieben. Sie stammt aus Energie der Sonne, die durch Photosynthese das Klimagas Kohlendioxid (CO_2) in der Pflanzenmasse gebunden hat. Über Jahrmillionen erfolgten der Umwandlungsprozess und die Speicherung als Öl, Gas oder Kohle im Boden. Durch Verbrennung gelangen diese Klimagase in vergleichsweise kürzester Zeit – zum Teil in umgewandelter Form – wieder in die Atmosphäre.

Anstieg der Konzentrationen klimawirksamer Gase seit 1750[1] [ii]

Klimagas	Klimawirksamkeit	Verweildauer in der Atmosphäre	Konzentration Industriezeitalter im Jahr 2005	Konzentration vorindustriell im Jahr 1750
CO_2	1-fach	120 Jahre	380 ppm	280 ppm
Lachgas	296-fach	114 Jahre	319 ppb	270 ppb
Methan	25-fach	9-15 Jahre	1.774 ppb	715 ppb

[1] Konzentrationen in parts per million (Kohlendioxid (CO_2)) und parts per billion (Lachgas (N_2O) und Methan (CH_4)).

Business as usual is not an option – Der Weltagrarbericht[1]

Welche Konsequenzen müssen Politik, Wissenschaft und Ausbildung ziehen – angesichts einer Milliarde hungernder und verarmter Menschen?

Wir können nicht so weitermachen, wie bisher, lautet die zentrale Schlussfolgerung von über 400 Expertinnen und Experten aus Wissenschaft und Praxis, die zwischen 2005 und 2008 den ersten weltumspannenden Bericht der Vereinten Nationen über die Entwicklung der Landwirtschaft und der Ernährung erstellt haben.[2] [i]

Drei Wechselwirkungen bestehen zwischen der Landwirtschaft und dem Klimawandel:

1. Industrialisierte Landwirtschaft setzt Klimagase frei – insbesondere Lachgas (N_2O).[ii]
2. Der Klimawandel bedroht Ernten – in Trocken- ebenso wie in Überschwemmungsgebieten.
3. Nachhaltige Landwirtschaft begrenzt den Klimawandel: 1 Tonne Kohlenstoff im Humus entzieht der Atmosphäre 3,67 Tonnen CO_2.

Die Experten des IAASTD identifizieren den Boden als Basisressource und monieren insbesondere die Definition des Begriffs *Produktivität*, wenn nur der Ertrag pro Fläche (Output), nicht aber der Ressourcenverbrauch und alle weiteren notwendigen Inputs und die verursachten sozialen und ökologischen Schäden berechnet werden. Vergleichbar und fair sind Produktpreise somit nur, wenn diese Kosten internalisiert werden.

Zudem müssen Bäuerinnen und Bauern für nachhaltige Bewirtschaftung honoriert werden, weil sie durch *Multifunktionalität* zum Schutz der Ressourcen beitragen: Sie schonen Böden und Gewässer, fördern die biologische Vielfalt und erhalten Lebensräume z.B. für die zur Befruchtung der meisten Pflanzen unverzichtbaren Bienen.[iii]

[1] *International Assessment of Agricultural Knowledge, Science and Technology for Development* (IAASTD) – vgl. www.agassessent.org und www.weltagrarbericht.de

[2] U.a. finanzierten den IAASTD: die UN-Organisationen für Landwirtschaft und Ernährung (FAO), Umwelt (UNEP), mit ihrem damaligen Leiter und ehemaligen Bundesumweltminister Klaus Töpfer, Entwicklung (UNDP), Bildung (UNESCO), Gesundheit (WHO), die Weltbank, 10 OECD-Länder und die EU.

So stiegen im Verlauf von zweieinhalb Jahrhunderten die Konzentrationen der Klimagase in der Atmosphäre: Kohlendioxid (CO_2) um mehr als ein Drittel[iv], Lachgas (N_2O) um knapp ein Fünftel[v] und Methan (CH_4) um mehr als das Doppelte[vi].

Wie in anderen Wirtschaftsbereichen befeuern fossile Energieressourcen auch in der Landwirtschaft den Motor der Industrialisierung.[vii] Das gespeicherte CO_2 wird durch die Verbrennung fossiler Kraftstoffe – aber auch durch die Abholzung von Regenwald und den Umbruch von Grün- in Ackerland – wieder freigesetzt.

Wir leben – nicht nur beim Verbrauch fossiler Ressourcen – über unsere Verhältnisse, merken es aber meist nicht: Dauertiefstpreise lenken davon ab, dass die tierischen Produkte im Discounter nur scheinbar billig sind – durch Mehrfach-Subventionierung sowie durch Verlagerung der Kosten in die Zukunft und oft auch in die Entwicklungsländer.

Zu diesen verdeckten (*externalisierten*) Kosten zählen die Vernichtung der biologischen Vielfalt, die Verschmutzung von Gewässern und Böden mit (Antibiotika-)Rückständen aus der Massentierhaltung und mit Pestiziden für den Futteranbau in Monokultur sowie Gesundheitsprobleme für Mensch und Tier durch Rückstände in Lebens- und Futtermitteln. Doch diese Schäden schlagen sich in den Produktpreisen heute ebenso wenig nieder wie die Zerstörung der Bodenfruchtbarkeit und die (Klima-)Folgen durch (Über-)Düngung mit Gülle und synthetisch hergestellten Stickstoffdüngern sowie deren Um- und Abbauprodukten – Lachgas, Nitrat, Nitrit, Ammonium und Ammoniak.

Nachhaltige Landwirtschaft hat demgegenüber das Potenzial, Schäden zu minimieren sowie Erträge dauerhaft zu erhalten und auch zu erhöhen. Vor allem muss der Verbrauch der in Millionen Jahren gespeicherten Sonnenenergie aus fossilen Ressourcen minimiert werden. Statt dessen gilt es, die aktuell direkt verfügbare Sonnenenergie für die Pflanzen zu nutzen[3]: nicht nur, um damit die katastrophale Freisetzung von Klimagasen weitestgehend zu verhindern, sondern um die Bodenfruchtbarkeit langfristig zu erhöhen und so die Welternährung zu sichern. So lautet auch das Fazit des Weltagrarrats – publiziert im Weltagrarbericht IAASTD.

[3] Im technisierten 21. Jahrhundert weckt der Begriff *gespeicherte Sonnenenergie* eher Assoziationen an Solarzellen, als an die natürliche biologische Speicherung in Pflanzen: Auch die Energie, die wir essen, ist gespeicherte Sonnenenergie.

Was der Weltagrarbericht als Problem benennt, propagiert die industrialisierte Landwirtschaft als Lösung: Immer höhere Intensivierung mit Hochleistungstieren sowie Hochleistungssaatgut. Aber die industrialisierte Landwirtschaft erfordert synthetischen Dünger und hohen Wasserverbrauch. Sie verursacht Umweltschäden und in der Folge soziale Verwerfungen.

Somit besteht ein fundamentaler Dissens in der politischen, wirtschaftlichen und wissenschaftlichen Diskussion um den künftigen Weg. Mit dem so schlichten wie genialen Hinweis *Wir haben nur eine*, brandmarken Umwelt- und Naturschutzorganisationen schon lange, dass Industrienationen Ressourcen übernutzen: Die Erde würde also gar nicht reichen, *wenn das alle täten:* wenn alle lebten, wie wir leben.[viii]

Es geht um das Zuviel

Die landwirtschaftliche Industrialisierung treibt die Anreicherung von Klimagasen zwar auch mit Kraftstoffen für den Güterverkehr und die Maschinen auf den Äckern, vor allem aber durch synthetischen Stickstoffdünger dramatisch an:

Dessen Herstellung ist besonders energieaufwändig, benötigt deshalb viel Kraftstoff und setzt dadurch viel CO_2 frei: Pro Tonne des zur Herstellung von Stickstoffdünger benötigten Ammoniaks (NH_3) gelangen circa fünf Tonnen CO_2 wieder in die Atmosphäre. Hinzu kommt, dass bei der Anwendung des Düngers auf den Feldern unvermeidlich Lachgas (N_2O) freigesetzt wird: Pro 100 Tonnen Dünger entstehen und entweichen zwischen einer und drei Tonnen Lachgas.[ix]

Lachgas ist das problematischste Klimagas der Landwirtschaft. Seine Wirkung auf das Klima ist 295mal schädlicher als die von CO_2.[x] Je mehr gedüngt wird und je weniger Sauerstoff – verdichteter – Boden enthält, desto mehr Lachgas entsteht und entweicht.[xi]

Aber in den Debatten um den künftigen Weg wird Lachgas meistens übergangen oder übersehen.[xii] Zum einen aus wirtschaftlichen Interessen all der Branchen, die an der industrialisierten Landwirtschaft weiterhin ungestört verdienen wollen. Zum anderen bedingt durch eine gestörte Wahrnehmung, der ein gravierendes *mentales* Problem zugrunde liegt:

Die Möglichkeit, Stickstoffdünger mit dem *Haber-Bosch-Verfahren* synthetisch herzustellen, (ver)führte – in Verbindung mit vermeintlich unbegrenzten Ölreserven – seit Ende der 1960er Jahre zu dem Irrglauben, es käme auf den Boden und seine Fruchtbarkeit gar nicht so sehr an.[xiii] Durch diese fatale Fehleinschätzung entstand der Glaube an eine Art *Perpetuum-mobile-Landwirtschaft,* die in der landwirtschaftlichen Forschung und Ausbildung immer mehr Raum einnahm.

In diesem Glauben wurde und wird die Düngung mit synthetischen Stickstoffverbindungen immer weiter gesteigert – seit 1960 um mehr als das Achtfache.

Zunahme des (Stickstoff-)Düngerverbrauchs – 1961-2005 weltweit[xiv]

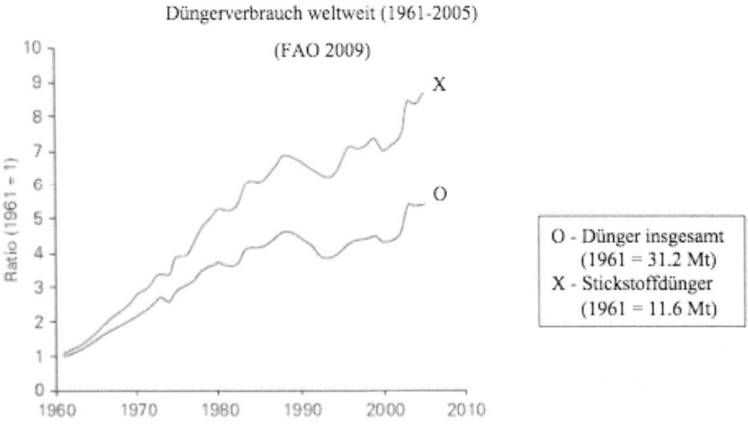

Ob *Grüne Revolution* oder *Gentechnik*: Immer mehr wird der irreführende Wachstumsbegriff verbreitet, der nur wahrnimmt, was oben auf dem Boden wächst und nicht, was ihm entnommen wird. Steigende Ernten allein werden auf unzähligen Grafiken als Fortschritt definiert und sind doch nur Beweis für eine traurige Wahrheit: Der Aufwand (Input) für die Ernten (Output) nimmt weiter zu, während die Ressourcen – einschließlich der Reserven im Boden – dramatisch schrumpfen.[xv]

Der Charakter eines *Perpetuum mobile* besteht in einem quasi *ewigwährenden* Prozess, der *keine* Energie *von außen* benötigt. Die Protagonisten der Industrialisierung der Landwirtschaft müssen sich im Einklang mit dem *Energieerhaltungssatz* wähnen, nach dem Motto, die notwendige Energie sei ja – in Form von Erdöl, Kohle, Gas etc. – *sowieso* da. So wurde synthetischer Stickstoffdünger zum wichtigsten Beitrag der Landwirtschaft zum Klimawandel: durch seine Energie aufwändige Herstellung und vor allem, weil Lachgas 295mal so klimaschädlich ist wie CO_2.

Emissionen – einseitige Wahrnehmung

Nicht nur der Glaube an das *Perpetuum mobile* und die *Externalisierung der Kosten* verzerren die Wahrnehmung und provozieren falsche Konsequenzen. Zusätzlich verhindert der auf Emissionen beschränkte *Industrieblick* eine für die künftige Entwicklung der Landwirtschaft sinnvolle Klimadebatte: So wirkt es sich besonders fatal aus, Landwirtschaft mit anderen Wirtschaftsbereichen gleichzusetzen, die *nur* als Verursacher wirken, sodass sich ihre Klimarelevanz aus Additionen von Emissionen errechnen lässt. Hingegen lässt sich die Landwirtschaft im Gegensatz zum Verkehr nur durch Bilanzen erfassen: Landwirtschaft setzt Klimagase frei *und* kann Kohlenstoff speichern: Jede Tonne Kohlenstoff im Boden entlastet die Atmosphäre um 3,67 Tonnen CO_2. Die Förderung dieses Kreislaufs erfordert ganz andere Maßnahmen als das reine Vermeiden von Emissionen.

Bei der Anhörung *Landwirtschaft und Klimaschutz* vor dem *Ausschuss für Ernährung, Landwirtschaft und Verbraucherschutz* des Bundeslandwirtschaftsministeriums machte Professor Ernst-Dieter Schulze im Februar 2010 die mangelnde Genauigkeit und teilweise Fehlerhaftigkeit vieler Klimadaten deutlich: Der Direktor des *Max-Planck-Instituts für Biogeochemie* in Jena kritisierte, dass relevante Emissionen aus der Landwirtschaft in den Berechnungen immer noch nicht erfasst werden.

Das betrifft auch indirekte Effekte der Landwirtschaft auf das Klima. So verschärfen Emissionen durch Um- und Abbauprodukte aus der Stickstoffdüngung wie Ammoniak (NH_3) und Stickoxide (NO) den Treibhauseffekt, weil in der Atmosphäre Ozon (O_3) und Aerosole entstehen, die in den Klimaberechnungen bisher nicht berücksichtigt werden.[xvi] Ernst-Dieter Schulze hat das Europäische Verbundprojekt *CarboEurope* geleitet, dessen Ergebnisse keinen Zweifel daran lassen, dass die Intensivierung der Landwirtschaft den Klimawandel weiter verschärft. Deshalb fordert er von der Bundesregierung, die gesamte Treibhausgasbilanz zu veröffentlichen – einschließlich der Freisetzungen aus landwirtschaftlichen Böden.[xvii]

Darin läge die wesentliche Voraussetzung, um Auswirkungen der Landwirtschaft auf das Klima endlich danach differenzieren zu können, wie nachhaltig oder wie industriell gewirtschaftet wird. Denn ob mehr oder weniger Kohlenstoff gespeichert als freigesetzt wird, darüber entscheidet das landwirtschaftliche System: Keineswegs wirkt die Landwirtschaft *per se* klimaneutral, wie – nicht nur – der Deutsche Bauernverband glauben machen will.[xviii]

Nur nachhaltige Kreislaufwirtschaft kann Netto-CO_2-Speicherüberschüsse generieren.[4] Aber (Agrar-)Wissenschaft, Wirtschaft, Politik und Öffentlichkeit konzentrieren sich auf *Emissionen* und ignorieren den Kohlenstoff*kreislauf* weitgehend. Falsche Schlussfolgerungen führen dann zu vermeintlichen Lösungen, die in Wahrheit den Klima-Wandel weiter anheizen.[5]

Hot spots der Emissionen

Die industrialisierte Tierproduktion ist für die höchsten Konzentrationen gasförmiger Verluste verantwortlich. In den USA dominieren in allen Regionen Lachgas-Emissionen den Beitrag der Landwirtschaft zur globalen Erwärmung. Die Düngung der riesigen Monokulturen sowie die Bodenverdichtung verursachen dort die höchsten Emissionen, so dass Mais und Soja als *hot spots* der industrialisierten Tierproduktion gelten.[xix]

Zwei Drittel der Proteine, die in europäischen Futtertrögen landen, werden bereits heute außerhalb der EU angebaut und von dort importiert.[xx]

Bei der kritischen Bestandsaufnahme des europäischen Verbundprojektes *CarboEurope* erschreckt besonders der Anteil der Landwirtschaft an den Emissionen in Europa. Und obwohl der Großteil des in Deutschland verfütterten proteinreichen Tierfutters gar nicht in Europa angebaut wird, entlarvt *CarboEurope* Deutschland als Europas Hauptverschmutzer.[xxi] Deutschland verbraucht die meisten Düngemittel und verursacht die höchsten Emissionen bei stickstoffhaltigen Gasen, speziell bei Lachgas und Ammoniak.[xxii]

[4] Das Potenzial zur Kohlenstofffixierung wird fast nur in Bezug auf Wälder diskutiert. Vgl. S. 29ff. *Warum heißt unser Planet eigentlich Erde?*

[5] Vgl. S. 63ff. *Methan – Wie die Kuh zum Klima-Killer gemacht wird.*

Der Grund liegt in der Störung des Kohlenstoff- und des Stickstoffkreislaufes: Pflanzenfressende Säugetiere (Herbivoren) fressen Pflanzen und werden teilweise selbst Nahrung von Allesfressern und Raubtieren. Um den Kreisläufen zu entsprechen, müssten deren Fäkalien wieder dem Boden zugute kommen.

Aber durch die Intensivlandwirtschaft, die mit Sonnenenergie vergangener Jahrmillionen befeuert wird, entstehen durch synthetischen Dünger und Gülle Stickstoff-Überschüsse, die so gigantisch wie schädlich sind – für das Bodenleben und die Bodenfruchtbarkeit ebenso wie für das Klima. Der *Sachverständigenrat für Umweltfragen* (SRU) warnt in diesem Zusammenhang zudem vor dem generellen Rückgang der Pflanzendiversität.[xxiii]

Denn jahrzehntelang galt das Credo, es könne beliebig viel gedüngt werden, vorausgesetzt, der Stickstoffdünger sei billig genug, so dass er mehr erbringe als koste. Immer unbeherrschbarer werden nun die Schäden – die externalisierten Kosten – dieses *Grenzertragsdenkens.*

Beitrag der europäischen Landwirtschaft an den Gesamtemissionen[xxiv]

Prozent	Klimawirksames Gas	Formel
8	Kohlendioxid	CO_2
50	Methan	CH_4
50	Stickoxide	NO, NO_x
70	Lachgas	N_2O
95	Ammoniak	NH_3

Die Ergebnisse von *CarboEurope* belegen, wie verheerend die Landwirtschaft dazu beiträgt, dass Europa das Klima schädigt: 50 bis 95 Prozent der stickstoffhaltigen Emissionen stammen aus der Landwirtschaft – durch falsche Bodennutzung und Überdüngung.

In Europa weisen die *hot spots* der Klimagasemissionen auf die Regionen mit extremer Viehdichte. Sie liegen in Nordwest-Deutschland, den Niederlanden, in Belgien, in der Bretagne und in der Po-Ebene. Entsprechend bestehen auch innerhalb Deutschlands extreme regionale Unterschiede: Es sind die Regionen mit intensiver Tierproduktion, die Deutschland zu Europas Hauptverschmutzer machen.[xxv]

Vom Schrumpfen der Böden

So wie nachhaltiges Wirtschaften die Bodenfruchtbarkeit erhöht und das Klima entlastet, schädigt industrielle Landwirtschaft sowohl das Klima als auch die Böden. Wenn man im Fachjargon vom *Ausbluten* der Böden spricht, wird die Dramatik schmerzlich spürbar. Auf mehr als 100 Millionen Hektar wird das weltweite Ausmaß der Degradierung von Ackerland für das vergangene Jahrzehnt geschätzt.[xxvi]

Insbesondere der Maisanbau ist *bodenzehrend*. Das *Aktuelle Wochenblatt* der *Landwirtschaftskammer NRW* beziffert die negative Humusbilanz von Mais für Nordrhein-Westfalen mit 560 Kilogramm Humuskohlenstoff pro Hektar und Jahr.

Ob Mais, Soja oder Weizen – der mit der Ausweitung der Monokulturen untrennbar verbundene Humusverlust wurde über ein halbes Jahrhundert verdrängt bzw. als *vernachlässigbar* erachtet. Macht der Definition: Obwohl die Böden durch Überdüngung und Erosion weltweit immer weiter *schrumpfen*, lautet der beschönigende Terminus für die Intensivierung *Wachstums*landwirtschaft.

Es sind vor allem drei Gründe, mit denen wir uns über das Ausmaß der substanziellen Verluste der Bodenfruchtbarkeit durch industrialisierte Landwirtschaft hinweg täuschen lassen:

1. Erfolgsmeldungen über gestiegene Erträge pro Fläche (Output), die den Input ignorieren sowie ökolog. und soziale Kosten externalisieren;

2. Züchtungsunternehmen, die neue Pflanzensorten immer abhängiger von synthetischem Dünger machen[6]; sowie

3. die Tatsache, dass es umso länger dauert, bis wir den Raubbau *wahrnehmen*, je fruchtbarer und dicker die Bodenkrume ist.[7] [xxvii]

Wie flächendeckend sich der Raubbau inzwischen auswirkt, zeigt das Beispiel Nordamerikas: Mehrere Expertenteams hatten die riesige Landfläche in (Klima-)Regionen aufgeteilt und die Abnahme der organischen Kohlenstoff-Konzentration ermittelt. Sie schätzen den historischen Ver-

[6] Auswuchs einer Forschung, die Pflanzenwuchs nur noch als Folge der Stickstoffdüngung wahrnimmt und Wurzeln zur *verlorenen Biomasse* definiert, die sich quasi *auf Kosten* von oberirdischer Biomasse bildet, ist das Ziel, Pflanzen mit *reduzierter* Wurzelmasse zu entwickeln. Vgl. Ragauskas, A. et al. (2006).

[7] Vgl. S. 35ff. *Globale Landschaftsgärtner – Wir brauchen die Kuh.*

lust an fruchtbarer Biomasse durch landwirtschaftliche Bewirtschaftung für den Kontinent je nach Region auf durchschnittlich 22 bis 36 Prozent. So ist ein Viertel der in Jahrtausenden entstandenen Bodenfruchtbarkeit in wenigen Jahrzehnten durch Übernutzung vernichtet worden.[xxviii]

Überdüngung, kahle Erdoberflächen ohne Bewuchs, Erosion und Bodenverdichtung schädigen Böden – und in der Folge auch Atmosphäre und Gewässer. Der durch Überdüngung verursachte Sauerstoffmangel in Gewässern *(Eutrophierung)* ist ein seit Jahrzehnten als *Umkippen* bezeichnetes Problem. Und auch den Böden bzw. ihren Bewohnern geht die Luft aus.[8]

Lachgas-Emissionen werden nicht nur durch (Über-)Düngung verursacht, sondern auch durch Sauerstoffmangel im Boden. Denn von den Mikroorganismen im Boden, die Sauerstoff benötigen, sind einige in der Lage, den im Dünger enthaltenen Sauerstoff für ihren Stoffwechsel zu nutzen: Beim Abbau *(Denitrifikation)* entsteht unter anderem Lachgas.

Eine wesentliche Ursache für den Sauerstoffmangel ist die Bodenverdichtung.[xxix] Mit Verbotsschildern à la *Nicht zulässig für Fahrzeuge mit einem Gesamtgewicht über 10 Tonnen* schützen Gemeinden ihr Straßen- und Wegenetz. Aber auf Wiesen und Äckern sind Gesamtgewichte von über 40 Tonnen keine Ausnahme.

Kraftfutter für die intensive Tierproduktion

Im Zeitraum von 1975 bis 2000 hat sich die weltweite Fleischproduktion verdoppelt, von 116 Millionen Tonnen auf 233 Millionen Tonnen.[xxx] Durchschnittlich stehen jedem der circa 6,8 Milliarden Menschen auf der Erde circa 42 Kilogramm Fleisch zur Verfügung. Aber in Deutschland liegt der durchschnittliche Pro-Kopf-Verbrauch an Fleisch doppelt und in den USA dreifach über dem weltweiten Durchschnitt – und in den Entwicklungsländern bei nur 30 Kilogramm.[9] [xxxi]

Nach den Statistiken der FAO wird inzwischen mehr als ein Drittel des weltweit kultivierten Landes – 471 Millionen Hektar – für den Futtermittelanbau genutzt. Experten schätzten 2008 den Anteil an Getreide, der bereits an Tiere verfüttert wird, mit 650 Millionen Tonnen auf etwa

[8] Vgl. S. 167ff. *Das Gras wachsen hören.*

[9] Aus Vergleichsgründen Bruttoangaben der FAO: Die Angabe für Deutschland mit 84 Kilogramm entspricht der üblichen Angabe von circa 62 Kilogramm.

40 Prozent der weltweiten Produktion.[xxxii] Falls die jahrzehntelangen Spitzenreiter beim Fleischkonsum sich nicht beschränken und weltweit die Fleischnachfrage weiter zunimmt, erwarten Experten einen Getreidebedarf für die Tiermast von circa 1,1 bis zu 2,0 Milliarden Tonnen für 2050.[xxxiii]

Global betrachtet entzieht der Norden dem Süden seit drei Jahrzehnten Nährstoffe in gigantischem Ausmaß. Überwiegend ist der Konsum der Industrieländer für Raubbau und Hunger im Süden verantwortlich. Zwei Drittel des durchschnittlichen Pro-Kopf-Verbrauchs an Getreide in OECD-Ländern landen jetzt schon in Rindertrögen.[xxxiv] Deutschland und Europa hängen für den Fleischkonsum viel mehr am Tropf, als viele ahnen: Zwei Drittel der eiweißreichen Futtermittel in den Trögen der EU stammen aus Importen.

Der Futtermittelanbau in Monokulturen für den Norden verdrängt den lokalen Lebensmittelanbau der Kleinbauern im Süden. So produziert Brasilien etwa ein Viertel der weltweiten Sojaernten, beheimatet circa 30 Millionen unterernährte Menschen und exportiert circa 80 Prozent seiner Sojaernte. In Deutschland werden jährlich fünf Millionen Tonnen Soja verfüttert, die zu fast 100 Prozent importiert werden. Allein die deutsche Rindfleischproduktion nahm 2007 ausländische Sojaanbauflächen im Umfang von gut 360.000 Hektar in Anspruch.[xxxv]

Die Verdrängung der Kleinbauern durch Überschuldung und Enteignung führt zu sozialer Erosion – auf dem Land und infolge von Landflucht auch in den Städten.

Zu *diesen* sozioökonomischen und den ökologischen Schäden kommen noch weitere sozioökonomische: Denn aus den Ressourcen des Südens entstehen im Norden Milchpulver und Fleisch, die teilweise anschließend als Billigexporte *wieder zurück* in den Süden gelangen. Verbilligt durch (Export-)Subventionen zerstören sie dort oft die lokalen Märkte und den Handel mit tierischen Produkten.[xxxvi] *Kein Brot für die Welt* – mit seinem Buch(-Titel) trifft Wilfried Bommert, der Leiter der Umweltredaktion im WDR Hörfunk, die Wahrheit dieses Irrsinns.[xxxvii] In *Blutmilch* erklärt Romuald Schaber, warum auch der Großteil der europäischen Bauern nicht trotz, sondern wegen dieser Politik stirbt.

„Schmutz!“[10]

„Schmutz!“ lautet eine verbreitete Antwort, wenn nach Assoziationen zum Begriff *Boden* gefragt wird.

„Eine Nation, die ihren Boden zerstört, zerstört sich selbst.“ Dieses Zitat wird Franklin Roosevelt und dem Jahr 1937 zugeschrieben.

2009 forderte Alfred Hartemink, Koordinator des Großprojektes zu einer digitalen Weltkarte der Böden für das *Internationale Boden-Informations-Zentrum ISRIC*, eine „schwarze Revolution“. So „tot und begraben“ sei die Erforschung der Böden, dass „grundlegende Daten oft noch aus den 1960er Jahren stammen“.[xxxviii]

„Unter den Füßen – aus dem Sinn?“ betitelte das *Hessische Landesamt für Umwelt und Geologie* im Jahr 2003 eine Broschüre zu *Boden(schutz) in Bildung und Öffentlichkeitsarbeit.* Darin reflektieren Pädagogen die Tatsache, dass Boden oftmals mit Schmutz assoziiert wird – ein homogener Körper aus Steinen und Dreck, der überall gleich ist. Demnach ist der Begriff Boden im öffentlichen Bewusstsein emotional negativ besetzt. In der Folge empfinden die meisten Menschen Boden auf Kleidungsstücken und auf Wegen oder Kinder, die mit Boden spielen, als *schmutzig.* „Böden werden *mit Füßen getreten*, sind kalt, dunkel, nass und unheimlich und dienen bestenfalls als Begräbnisort. Diese Einstellung scheint sich mit zunehmender gesellschaftlicher Mobilität und Industrialisierung zu vertiefen. Der Bezug zur unmittelbaren Umwelt wird lockerer, *Bodenständigkeit* geht verloren. (...) Boden wird zudem oft nicht als wertvolle und knappe Ressource geschätzt, sondern eher als Schmutz, Schlamm und *Dreck an den Füßen* oder, im Falle seiner durch Menschen verursachten Verunreinigung, erst als *Altlast* bemerkt.“

Noch sind Bodenlehrpfade in Deutschland wenig verbreitet. Pädagogen verfolgen in Anlehnung an Erkenntnisse aus der Umweltpädagogik die Intention, die Schönheit von Boden visuell erlebbar zu machen und so gängige Assoziationen wie Boden ist schmutzig in Frage zu stellen. Ihre eigenen Erfahrungen damit machen Mut: „Die Scheu, die schmutzige Erde zu berühren, ist bei der Altersgruppe der Grundschulkinder nach der Entdeckung der ersten Springschwänze oder Tausendfüßer vorbei.“[xxxix]

[10] Vgl. das nun auf deutsch erschienene Buch *Dreck* von David R. Montgomery mit dem Untertitel *Warum unsere Zivilisation den Boden unter den Füßen verliert.*

Kapitel 6

Methan – Wie die Kuh zum Klima-Killer gemacht wird

„Wie können Großstadtkinder mehr über Lebensmittel erfahren? Wie kann ein Berliner Kind die Natur mit allen Sinnen erleben und gleichzeitig im Grünen lernen?" fragte das dem Bundeslandwirtschaftsministerium unterstehende *Bundesinstitut für Risikobewertung* (BfR). Im Sommer 2009 überraschte es die Öffentlichkeit mit *RisiKuhLabyRind.*

Aus der Luft betrachtet zeigte Berlins erstes didaktisches Mais-Labyrinth die Umrisse einer Kuh. Es sollte *unterhaltsam und kindgerecht* über die *Haltung und Fütterung von Milchkühen* aufklären sowie *auf spielerische Weise das Bewusstsein für ökologische Abläufe* schärfen.

12.500 BesucherInnen, darunter viele Schulklassen, nutzten die Möglichkeit, im *RisiKuhLabyRind* auf verschlungenen Pfaden dem Weg des Futters zu folgen: „Durch Maul, Schlund, die vier Mägen und den Dünndarm geht es nach ungefähr 2,5 Kilometern dort wieder heraus, wo das Lebensmittel Milch gewonnen wird: Aus den Zitzen am Euter."[i]

Die Welt ein Maisacker: „Wie wird aus Mais Milch?"

Die Kuh als Maisacker: Auf einer Fläche von mehr als sieben Fußballfeldern (etwa fünf Hektar) wuchsen 2009 auf dem Gelände des *Bundesinstituts für Risikobewertung* circa 250.000 Maisstängel. Normalität zu Beginn des 21. Jahrhunderts, wie sie die Broschüre zum Projekt *RisiKuh LabyRind* aus der Sicht des Pansens beschreibt:

„Wegweiser im Labyrinth informierten die Besucherinnen und Besucher über die Herkunft des Mais und die heutige Nutzung der Pflanze (...). Wie wird aus Mais Milch? Ein vielfach gewundenes Wegeband symbolisierte den Verdauungstrakt der Kuh. In diesem gehen die Nährstoffe aus der Maissilage ins Blut über und werden letztlich zu Lebensmitteln wie Fleisch und Milch. Die verschlungenen Pfade durchs Labyrinth folgten dem Weg der Maissilage und des anderen Futters – vom Kuhmaul bis zum Dickdarm."

Immerhin – an einer Stelle im Mais-Labyrinth gab es ihn doch – den Hinweis darauf, dass Wiederkäuer Milch und Fleisch eigentlich aus Gras und Heu machen können. Mit Bezug auf die Pansenmikroorganismen lautete die Information: „Wiederkäuer sind damit von Natur aus keine Nahrungskonkurrenten für den Menschen." Aber diese Basisinformation blieb ungehört, denn spätestens nach 2,5 Kilometern im didaktischen *RisiKuhLabyRind* waren Kuh & Mais in der Wahrnehmung der Besucher zur Einheit geworden: *Mais-Kuh* überschrieb eine Zeitung ihren Bericht, und eine andere titelte unbeabsichtigt zutreffend *Kuhler Irrgarten*.

Livestock's Long Shadow

Im Jahr 2006 veröffentlichte die *Welternährungsorganisation* (FAO) eine Studie, die nicht nur die Umwelt- und Gesundheitswirkungen des steigenden Konsums tierischer Produkte problematisierte, sondern *Livestock's Long Shadow* auch für den Klimawandel hervorhob. Seitdem basieren diverse Forschungsprojekte zur Klimarelevanz der Tierhaltung auf der Konzeption und den Schlussfolgerungen dieser Studie, die weitgehend auch die Diskussionen in den Medien bestimmen.[ii]

Daraus folgen erhebliche Probleme: Zwar war es überfällig, den Finger auf die Wunden zu legen, die der *lange Schatten der Tierhaltung* mit der Produktion und dem Konsum von Fleisch, Milch und Eiern immer weiter aufreißt. Aber die Autoren hatten ihre Untersuchungen nicht auf unterschiedliche Produktionssysteme und -intensitäten ausgerichtet, obwohl sinnvolle Schlussfolgerungen nur möglich sind, wenn bekannt ist, welcher Aufwand an Ressourcen (Input) für welches Ergebnis (Output) aufgebracht werden musste. Um vergleichbare Ergebnisse zu erhalten, hätten die Daten getrennt erhoben werden müssen:

1. für unterschiedliche Produktionssysteme – von nachhaltiger bis zu intensiver Produktion;
2. für unterschiedliche Produktionsrichtungen: z.B. für die Tierhaltung auf der Weide und im Stall.

Der Irrtum von der „Eine-statt-zwei-Kühe-Kuh"

Die Studie *Livestock's Long Shadow* provoziert nicht nur hinsichtlich mangelnder Informationen zur Weidehaltung Irritationen.[1] Problematisch ist die Interpretation von Ergebnissen zudem immer dann, wenn sich die Autoren hinsichtlich des Klimawandels auch bei ihren Schlussfolgerungen auf Emissionen beschränken und dadurch die Potenziale nachhaltiger Kreislaufwirtschaft weitgehend ignorieren.

So propagieren viele Autoren weitere Intensivierung speziell für die Rinderhaltung: Rinder werden in wissenschaftlichen Studien meist mit erheblichen Mengen an Mais, Soja und Getreide gefüttert und gelten dann im Vergleich mit den Allesfressern Huhn und Schwein als *schlechte Futterverwerter*[iii],

- obwohl sie bei überwiegender Fütterung mit Grünfutter nicht in Nahrungskonkurrenz zum Menschen stehen, und
- obwohl alle Untersuchungen belegen, dass Lachgasemissionen (N_2O) mit dem Grad der Intensivierung zunehmen.[iv]

Diese Fehlleistung liegt im Irrtum von der *Eine-statt-zwei-Kühe-Kuh* begründet, der üblicherweise der Argumentation in Debatten um die Milchviehhaltung zu Grunde liegt: Demnach verbrauchen *zwei* Kühe mit einer Jahresproduktion von je 5.000 Litern Milch doppelt so viele Ressourcen und verursachen doppelt so viele Emissionen wie *eine* Hochleistungskuh mit einer Jahresproduktion von 10.000 Litern Milch.

Dieser Irrtum erinnert an den berühmten Trugschluss, wonach *Achilles* die *Schildkröte* nie erreichen kann, vorausgesetzt, man folgt der vermeintlichen Logik.[2]

Denn nicht minder unlogisch ist es, die Umwelt- und Klimawirkungen einer Kuh unabhängig davon zu berechnen und zu bewerten,

1. wie – nachhaltig oder intensiv – ihr (Kraft-)Futter produziert wurde;
2. wie lange sie gelebt und wie viel Milch sie in dieser Zeit gegeben hat.

[1] Wie intensiv auch *Grünland* genutzt werden kann, belegt die *Stickstoffdüngeempfehlung* der *Landwirtschaftskammer Nordrhein-Westfalen* für das Grünland aus dem Jahr 2009: bis zu 380 kg Stickstoffdünger pro Hektar und Jahr.

[2] Demnach kann er sie nie erreichen, wenn sie mit einem Vorsprung startet.

Kraftfutter: Je höher die Produktionsleistung einer Kuh pro Tag bzw. pro Jahr ist, desto intensiver muss sie gefüttert werden. Deshalb ist Hochleistung in der Milchproduktion mit Leistungen deutlich über 5.000 Liter Jahresmilchmenge nur mit einer Erhöhung der Intensität der Fütterung, das heißt mit Kraftfutter zu erreichen. Dessen Herstellung verbraucht erhebliche Mengen Wasser und fossile Ressourcen und setzt zwangsläufig CO_2 und N_2O (Lachgas) frei.

Lebensdauer und Lebensleistung[v]: Nicht jede, aber fast alle Fünf-Tausend-Liter-Kühe (gemeint ist die Jahresmilchleistung) leben länger als der Durchschnitt, während nicht jede, aber fast alle Zehn-Tausend-Liter-Kühe kürzer leben als der Durchschnitt. Denn je höher die Produktionsleistung eines Tieres pro Tag bzw. pro Jahr ist, desto höher ist das Risiko für Anfälligkeit gegenüber Krankheiten und *Burn Out.* Deshalb beträgt die durchschnittliche Lebensdauer einer Kuh in der Milchproduktion seit Jahren auch in Deutschland nur noch weniger als fünf Jahre: Überforderung, Unfruchtbarkeit und Euterentzündungen sind Berufskrankheiten der Milchkühe, deretwegen sie frühzeitig geschlachtet werden und folglich statistisch auch nur noch 2,3 Kälber gebären.[vi]

Umwelt- und Klimarelevanz der Lebensdauer der Kühe[vii]

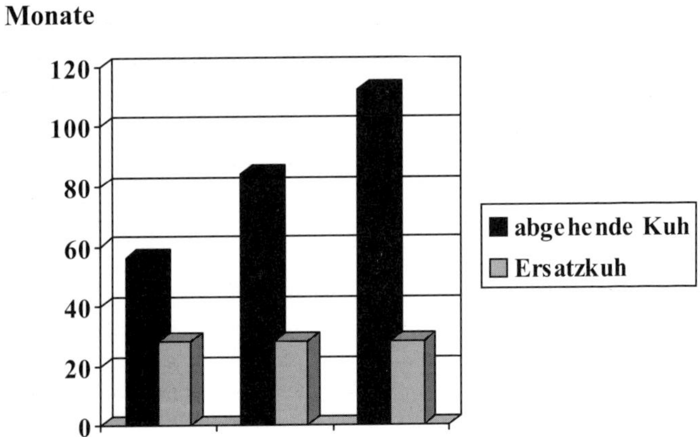

Unabhängig vom Alter einer Kuh, die geschlachtet wird, ist das Alter derjenigen Kuh, die die ausscheidende Kuh ersetzen muss, immer gleich; letztere ist in der Regel 28 Monate alt. (19 Monate zum Zeitpunkt der Befruchtung plus neun Monate Trächtigkeit, dann beginnt die erste Milchleistungsperiode (Laktation)). Deshalb ist die relative Zeitdauer, während der sie und ihre Ersatzkuh parallel fressen, d.h. Ressourcen verbrauchen und Emissionen verursachen, um so länger, je früher eine Kuh zum Schlachthof muss. Für eine Kuh mit einer Lebensdauer von unter fünf Jahren muss deshalb während der Hälfte ihrer Lebenszeit ein weiteres Tier für ihren Ersatz aufgezogen werden.[viii]

Emissionen: Kuh = Auto?[3]

Ganz im Sinne von *Achilles und die Schildkröte* lässt sich quasi belegen, dass das intensive System dem nachhaltigen überlegen, d.h. klimafreundlicher ist: Nur wenn sich die Berechnung auf *ein* Klimagas – Methan – beschränkt, entsteht der Eindruck, eine Kuh, von der in einem Jahr 10.000 Liter Milch ermolken werden, sei doppelt so klimafreundlich bzw. nur halb so klimaschädlich wie eine Kuh, die im gleichen Jahr *nur* 5.000 Liter Milch gibt.

In Deutschland sind die meisten Daten zur *Klimarelevanz der Tierhaltung* im Rahmen der Ressortforschung des Bundeslandwirtschaftsministeriums erhoben bzw. ausgewertet worden. Tatsächlich sind diese Forschungsprojekte soweit sie Rinder betreffen, überwiegend auf die „Potenziale zur Reduzierung der Methan-Emissionen bei Wiederkäuern" beschränkt und darauf konzentriert, die Effizienz der Rinder bei der Verdauung von Mais, Soja und Getreide zu erhöhen.[ix]

Diesem Ansatz liegt die weitestgehende Reduktion hinsichtlich der berücksichtigten Variablen zugrunde: Er fokussiert nur auf Methan und somit auf das einzige Klimagas, das außer von Moor

1. nur durch die Kuh selbst und

2. nicht im Zusammenhang mit dem Futteranbau freigesetzt wird.

[3] Immer mal wieder versuchen Autokonzerne den Eindruck zu erwecken, eines ihrer Modelle würde weniger *ausscheiden* als eine Kuh...

Warum auch Jeremy Rifkin irrte

Bereits zu Beginn der 1990er Jahre erschien mit Jeremy Rifkins *Das Imperium der Rinder* das bis heute bekannteste Buch zum Niedergang der Rinder-Kultur. Ihm war damit gelungen, die historische Entwicklung verständlich darzustellen: Die Interessen hinter den politischen Rahmenbedingungen, die der Intensivierung den Weg bahn(t)en ebenso wie deren zerstörerische Folgen für die Ökosysteme.

Dem Titel der amerikanischen Originalausgabe von 1992 *Rise and Fall of the Cattle Culture* (*Aufstieg und Fall der Rinderkultur)* waren die Worte *Beyond Beef* vorangesetzt. Damit ließ Jeremy Rifkin bereits im Titel keinen Zweifel daran, dass er den Ausweg darin sah, völlig vom *Beef*, dem *roten* (Rind-)Fleisch, wegzukommen. In seiner Einleitung konkretisiert er sein vorrangiges Ziel in aller Deutlichkeit: „Ich habe dieses Buch in der Hoffnung geschrieben, es möge unserer Gesellschaft helfen, eine Perspektive jenseits der Rinderkultur zu finden."

Somit krankt *Das Imperium der Rinder* daran, dass auch Jeremy Rifkin nicht zwischen nachhaltigen und industriellen Systemen unterscheidet, sondern *das Rind mit dem industriellen Bade ausschüttet.*

Dass wir über die Notwendigkeit, weniger Fleisch zu essen, hinaus, die Wahl haben, machte hingegen Ernst von Weizsäcker in seinem Vorwort zur deutschsprachigen Ausgabe deutlich: „Hoffentlich gibt es auch bald Bestimmungen, die es uns möglich machen, den Fleischer danach auszuwählen, dass den Tieren nicht über das Unvermeidliche hinaus Leid zugefügt wurde."

Jeremy Rifkin prangert zurecht den hohen Fleischkonsum und die gesundheitlichen Probleme, die er beim Menschen auslöst, an. Mit seinen Ängsten vor Rindfleisch könnte er aber einem weit verbreiteten Irrtum erliegen. Denn Zweifel bestehen an der These, dass dessen Konsum Krebs auslöst, weil Risiken – wie Grillen und Rauchen – nicht ausreichend berücksichtigt würden. Erst Jahrzehnte, nachdem Butter plötzlich – zugunsten von Margarine – als gefährlich galt, wurde bekannt, dass Informationen von interessierter Seite lanciert worden waren. Es ging bei der Cholesterindebatte mitnichten um Konsumverzicht, sondern um Märkte. Nicht erst seit dem *Rinderwahn* (BSE) profitiert die Geflügelindustrie von der Angst vor dem *roten Fleisch.*

Ohne diese entscheidende Einschränkung zu kennen, fällt einem nicht auf, wie problematisch es ist, dass die Autoren ihre Schlussfolgerungen auf das Methan (CH_4) beschränken: „Hohe Leistungen der Wiederkäuer sind demnach – bei gleichem oder ansteigendem Verzehr an Lebensmitteln tierischer Herkunft – derzeit (noch) die effektivste Form zur Reduzierung der CH_4-Emission je erzeugtes Tierprodukt bzw. je kg essbares Protein tierischer Herkunft." Ausgeblendet werden somit alle anderen mit der industriellen Produktion von Tierfutter für die Erzeugung von Milch und Fleisch verbundenen Klimagase – wie CO_2, Lachgas (N_2O) und Ammoniak (NH_3) – und ihre schädlichen Auswirkungen.

Danach ließen sich Emissionen bei Rindern am meisten beschränken, wenn diese auf Hochleistung gezüchtet, intensiv gefüttert und überwiegend in Ställen gehalten würden, so dass bei gleicher Produktionsmenge die Anzahl der Kühe reduziert werden könnte.[1],[i]

Mit einer solchen Sichtweise trägt die Wissenschaft inzwischen wesentlich zum *Klima-Killer-Image* der Kuh bei.

Ob *Handelsblatt*, *Focus* oder *Rheinische Post*, kaum eine Zeitung ließ sich seit Herbst 2009 die Schlagzeile „Kühe zur Abgasuntersuchung" entgehen. Wiederum liefert die Wissenschaft die Steilvorlage; denn im *Landwirtschaftszentrum Haus Riswick* am Niederrhein soll über drei Jahre nur untersucht werden, was aus den Kühen herauskommt. Nicht aber, welche Emissionen durch den Futteranbau provoziert werden und auch nicht, wie nachhaltiges Beweidungsmanagement mit Rindern zur Speicherung von Klimagasen und zur Humusbildung beitragen kann.[ii]

Auch die Verbraucherorganisation *foodwatch* ließ sich hinsichtlich der Frage, wie die Klimarelevanz der Milchproduktion reduziert werden könne, in die Irre führen. *Foodwatch* präsentierte 2008 die bisher medienwirksamste Darstellung einer *Klima-Killer-Kuh*: Analog zu Autoabgasen *entwichen* einer lebensgroßen Pappkuh vorne und hinten Gase – jeweils verkörpert durch eine Wolke aus großen schwarzen Luftballons ...[iii]

Noch weiter gingen Autoren der Umweltorganisation *World Watch*, als sie vor der *Weltklimakonferenz* in Kopenhagen Ende 2009 forderten, auch der Atem von Tieren müsse in die Klimaberechnungen einbezogen werden.[iv]

[1] Die Anmerkung von Professor Gerhard Flachowsky bei der Anhörung im Agrarausschuss hinsichtlich Tierhaltung und Klimawandel: „Diese Angaben hängen wesentlich von der verfügbaren Datenbasis und den gewählten Systemgrenzen ab", fehlt(e) in vielen seiner und anderen einschlägigen Veröffentlichungen.

Zur (Un)Vergleichbarkeit von Studien zu Klima und Tierhaltung

Die überwiegende Zahl der Studien

- trennt bei der Zuordnung der Emissionen innerhalb der Landwirtschaft nach Tieren und Pflanzen, so dass die Nachhaltigkeit oder Intensität der Futterproduktion nicht den Tierhaltungssystemen zugeordnet wird;
- setzt enge Systemgrenzen und/oder macht diese nicht transparent genug, wodurch ein realistischer Vergleich zwischen extensiven und intensiven Produktionssystemen behindert wird;
- fokussiert auf die Gesamthöhe der Emissionen und verstellt so den Blick auf das eigentliche Problem – das durch die zunehmende Industrialisierung forcierte *Zuviel* an atmosphärischen Klimagasen. Zudem führt das alleinige Addieren von Emissionen nicht zu Bilanzen, sondern blendet insbesondere den Kohlenstoff*kreislauf* aus.

Aber selbst wenn Daten unterschiedlichen Produktionssystemen und -intensitäten zugeschrieben werden, ist die Gefahr von Fehlinterpretationen groß. Diese Problematik zeigt sich auch in der 2010 erschienenen bisher umfassendsten Studie zu *Tierhaltung und Klimawandel*. Darin ordnen die Autoren Emissionen bestimmten Produktionssystemen auf höchst problematische Weise zu. In der Tabelle *Major fluxes of Carbon associated with intensive and extensive livestock production systems* werden laut Überschrift Kohlenstoff*flüsse* getrennt nach intensiven und extensiven Produktionssystemen ausgewiesen. Aber irritierenderweise werden im einzelnen

- Emissionen, die durch die Abholzung des Regenwaldes entstanden sind, zu 100 Prozent der *extensiven* Wirtschaftsform (Weidewirtschaft) zugerechnet;
- Emissionen, die in Folge von Landdegradierung entstanden sind, nur im Rahmen *extensiver* Systeme angegeben.

Zudem wird zwar ein Wert für Emissionen bei der Düngung von Futterpflanzen angegeben und der *intensiven* Wirtschaftsform zugeschrieben; auffällig ist aber sein extrem niedriger Wert, der sich erst aus einer Fußnote erklärt: Lachgas-Emissionen (N_2O) wurden bei der Darstellung ausgeklammert.[V]

Kapitel 7

„Scheiß Mistvieh!“ – War früher alles besser?[i]

Verkannt wird die Kuh ob ihrer unerkannten Potenziale aber nicht erst im industriegetriebenen 21. Jahrhundert: Führt heute Überfütterung mit Kraftfutter zu ihrem *Klima-Killer-Image*, machte die Mangelernährung im Mittelalter aus ihr ein *elendes Mistvieh.*

In der Naturalienwirtschaft der herkömmlich als *Germanen* bezeichneten Stämme und Völker hatte wie bei den Römern die Viehhaltung dominiert. *Pecunia*, das lateinische Wort für Geld, geht auf *pecus*, das Vieh, zurück, wobei mit *Vieh* vor allem das *Rind* gemeint war. Ebenso lässt sich die Bedeutung des englischen Wortes *fee* für *Gebühr* auf das Vieh zurückführen.

Vor allem ab dem 11. Jahrhundert pflügten Bauern in Ermangelung anderer Flächen überwiegend Viehweiden für den Ackerbau um. Dennoch konnte das für die menschliche Ernährung bestimmte Getreideangebot zur Brei- und Brotherstellung nicht mit dem weiter steigenden Bevölkerungswachstum mithalten. Agrarhistoriker bezeichnen diese für den deutschsprachigen Raum charakteristische Entwicklung als *Vergetreidung* der Landwirtschaft.

Bis zum Mittelalter verblieben tierische Exkremente üblicherweise in den Ställen.[ii] Aber durch jahrelangen Getreideanbau waren viele Äcker an Nährstoffen verarmt, weshalb sie nun mit tierischem Mist gedüngt werden mussten. So führte die zunehmende *Vergetreidung* seit dem Spätmittelalter zu einer vorrangig *mistorientierten* Rindviehhaltung. Daraus folgte eine existenzielle Konkurrenz um Bodenfläche zwischen Menschen und Rindern.[iii] Bis dahin hatten Bauern ihre im Herbst üblichen Bestandsreduzierungen danach ausgerichtet, wie viel Tierfutter tatsächlich für den kommenden Winter verfügbar war. Nun schlachteten sie weniger Tiere, um im Frühjahr über mehr Dung zu verfügen.

Weil immer mehr Weiden umgebrochen wurden, standen für die Tiere, die zur Mistproduktion benötigt wurden, immer weniger Flächen zur Beweidung und für die Heubergung zur Verfügung. Hungerndes Vieh – insbesondere in der Stallperiode – wurde von der Ausnahme zur Regel: „Das [...] Elend der Rinder blieb der anhaltende Hunger infolge des unausgewogenen Verhältnisses zwischen den vorhandenen Futterflächen und der überhöhten Tierzahl.“[iv] Das Problem spitzte sich zu, wenn eine ungünstige Frühjahrswitterung mit verzögertem Beginn der Vegetationsperiode einen späten Austrieb erzwang.[v]

Ausnahmen dieser generellen Entwicklung bestanden überall dort, wo die Böden wegen natürlicher Gegebenheiten – wie Hanglagen oder auch moorige Böden – nicht für den Ackerbau geeignet waren. Deshalb hielten die Bauern Rindvieh nur in den Küstenregionen sowie in den höheren Lagen der Mittelgebirge und in den Alpen vorrangig zum Zweck der Lebensmittelherstellung (und als Arbeitstiere). Nur in diesen Regionen, in denen genügend Viehfutter verfügbar war, haben sich Rassen entwickelt – wie das *Schwarzbunte Niederungsrind*[1], das in den Marschen von Dänemark bis zu den Niederlanden entstand oder das *Murnau-Werdenfelser Rind*[2] aus dem bayrischen Voralpenland.

Seit dem Spätmittelalter schlagen sich die Folgen des Futtermangels in der Literatur in einem speziellen Begriff nieder: *Schwanzvieh*. Diese Wortschöpfung beschrieb die Situation zu Beginn der Weideperiode, wenn Tiere nach der Winterzeit zu schwach waren, alleine vom Stall bis zur Weide zu gehen: Es war *normal* geworden, sie am Schwanz aus dem Stall zu ziehen. In der Lüneburger Heide zerrten die Bauern ihre Rinder im Frühjahr auf eigens zu diesem Zweck konstruierte flache Karren mit kleinen Rädern, um sie wieder auf die Weiden zu bringen.[vi]

Die geographisch breite Verwendung des Begriffs *Schwanzvieh* – von niedersächsischen Heidegegenden bis ins Baltikum und zu den Alpen – lässt darauf schließen, dass *Leere im Rindermagen* ein verbreitetes Phänomen war: „Übermäßig besetzte Weiden und Futterlücken, die sich im Herbst und Frühjahr auch an günstigeren Standorten einstellten, waren Ausdruck einer Misere, die sich in dem Begriff des ‚Schwanzviehs‘ einprägsam niederschlug.“[vii]

[1] Seit 2006 *Deutsches Schwarzbuntes Niederungsrind* (DSN).

[2] Zum *Murnau-Werdenfelser Rind* vgl. S. 119ff. *„Carne basta!“*

Die Pestzüge des 13. bis 16. Jahrhunderts entschärften die Konkurrenz um Böden, weil die Getreidenachfrage sank. So ermöglichte der pestbedingte Bevölkerungsschwund eine temporäre Anpassung der Viehbestände an die verfügbare Futtergrundlage. Aber durch die vor allem im letzten Drittel des 15. Jahrhunderts wieder zunehmende Bevölkerungszahl stiegen der Getreide- und damit der Düngerbedarf wieder an. Um 1500 war der Rückgang der Bevölkerung wieder ausgeglichen. Anschließend nahm das Missverhältnis zwischen der Futterfläche und der Kopfzahl der Rinder, die für das Getreide den nötigen Mist produzieren sollten, wieder zu.[viii]

Wie die Pestepidemien veränderte der Dreißigjährige Krieg die landwirtschaftlichen Bedingungen regional sehr unterschiedlich: In Gebieten mit vielen Toten blieben Äcker häufig unbestellt. Die Tierzahl sank erheblich, auch weil die kämpfenden Truppen Rinderherden als *mobile Verpflegung* mitführten. Bevölkerungsverluste – durch den Dreißigjährigen Krieg und pestbedingt – haben jeweils mehr als ein Viertel der Bevölkerung ausgemacht.[ix] Nach einer kurzen Erholungsphase der Landwirtschaft wuchs die Bevölkerung dann in einem bis dahin nicht gekannten Ausmaß. Deshalb stand für den größten Teil des deutschen Raumes seit dem Dreißigjährigen Krieg in der Viehhaltung nicht das Vieh, sondern die Düngerproduktion für das Getreide im Vordergrund. „Die Rinder, d.h. Dünger, sind die Grundlage einer Wirtschaft.“[x]

In seinem Buch *Ackerbau und Viehhaltung im vorindustriellen Deutschland* bilanziert Karl-Friedrich Riemann für das 16. und 17. Jahrhundert: Dem Ackerbau „kamen die bedeutendsten Fortschritte der Landwirtschaft in erster Linie zugute, wie der aufmerksame Leser zeitgenössischer Literatur auch daran feststellen kann, daß den Feld- und Gartenfrüchten in den Lehr- und Handbüchern damaliger Zeit der bei weitem größte Platz eingeräumt wurde, während die Viehwirtschaft auf wenigen Seiten oft recht oberflächlich abgehandelt wurde“.[xi]

Mit der Ausweitung des Getreideanbaus stieg auch dessen Wertschätzung gegenüber dem Vieh. In der Bauernweisheit *Die Wiese ist die Mutter des Ackerlandes* kommt das Vieh als entscheidendes Subjekt, welches einen Teil der Energie der Wiese in Mist umwandelt, mit dem die Äcker gedüngt werden, gar nicht vor. Als es üblich wurde, den Stallmist zur Erhaltung der Bodenqualität auf die Äcker zu bringen, galten Mistpflege bzw. Mistbenutzung als gute Indikatoren für den Fortschritt auf einem

Hof: Als Synonym für eine Hofstelle entwickelte sich der Begriff *auf seinem Mist*.[xii]

Die *getreidefixierte Sichtweise* der Menschen hatte sich angesichts des elenden *Schwanzviehs* in der Neuzeit zur *Missachtung* der Tiere entwickelt: „Wenn zwischen dem 16. und 18. Jhd. in einem Brief an ein hohes Amt oder an eine vornehme Person vom Vieh die Rede war, dann war es unumgänglich vor das Wort Vieh ein ‚S.V.' oder ‚Redo' zu setzen. Der gute Ton der Zeit verlangte, diesen mit ‚Entschuldige das schlimme Wort' oder ‚mit Respekt gesagt' übersetzbaren Zusatz bei jeglichen Dingen und Begriffen, die der von Takt und Anstand beherrschte Mensch nur ungern in seinem Vokabular führte. [...]. In der Tat galt das Vieh und besonders das Rind in weiten Zeitabschnitten nur als ein Betriebsmittel der Landwirtschaft zur Erzeugung der Feldfrüchte. Im ehrfürchtigen Schriftgebrauch dieser Zeit findet man die Körnerfrüchte des Ackers als das ‚liebe Getreide' oder als ‚unsere lieben Feldfrüchte' bezeichnet."[xiii] Sogar bis in das 19. Jahrhundert ist dokumentiert, dass sich die mit dem Elend verbundene Missachtung in der Sprache und im Schrifttum niederschlug: Menschen wagten die Wörter „Rind, Schwein und Hund" nur mit einer Bitte um Entschuldigung „sit venia verbo", „reverendo" auszusprechen und niederzuschreiben.[xiv]

Kapitel 8

On the hoof – historische Ochsenwege[i]

In die Schlagzeilen und in unsere Wahrnehmung dringen Rindertransporte heutzutage meist *nur* wegen der damit verbundenen Tierqual[ii] oder in einem der seltenen Fälle, wenn ein Rind beim Entladen dem Schlachthof – zumindest für ein paar Stunden – entkommen ist.

Bis ins 19. Jahrhundert war die normale Fortbewegungsart für Rinder und ihre Treiber *on the hoof* bzw. *zu Fuß*, um die oft mehrere Hundert Kilometer entfernten Viehmärkte oder Schlachtstätten zu erreichen.[1] Sie konnten selbst marschieren. Darin lag ihr Vorteil gegenüber allen anderen Wirtschaftsgütern – wie zum Beispiel Getreide –, deren Transport teurer und im Vergleich zu den flexibleren Vierbeinern auf bessere Wege angewiesen war. Dass dieser Vorteil auch tatsächlich genutzt werden konnte, lag an der Erfahrung der Treiber: Sie wussten, wie mit den Tieren während wochenlanger Wanderungen von den Grünland- zu den weit entfernten Verbrauchsregionen umzugehen war – ohne Trucks, mobile Elektrozäune, strombetriebene *Treibhilfen* etc ...[2]

Vor allem wegen der zunehmenden *Vergetreidung* wuchs das Gras für die Ochsen, die damals auf deutschen Viehmärkten verkauft wurden, zu einem großen Teil außerhalb der Landesgrenzen[3]: Vom 14. bis ins 18. Jahrhundert dominierten in Deutschland Ochsenimporte aus Ungarn; aber auch aus Polen und Jütland wanderten Jahr für Jahr Zehntausende bis auf die Märkte in und um Hamburg, Köln, Augsburg oder Frankfurt am Main. Für Nord-West-Europa wurde Dänemark zu Beginn der Neuzeit zum Zentrum der Ochsenaufzucht.

[1] Wenn überhaupt waren nur Käufer oder Quartierbeschaffer zu Pferde unterwegs.

[2] Vgl. S. 125ff. *„Den Rindern die Zeit geben, die sie brauchen.“*

[3] Früher war der Begriff *Ochse* ein Synonym für *Rind*, wie auch der Artbegriff *Auerochse* zeigt. Ein Ochse ist somit nicht zwangsläufig ein kastrierter Bulle.

Dass die Fleischversorgung mit importierten Ochsen nicht nur von der Kaufkraft der Händler und Endverbraucher abhing, sondern auch Beschränkungen oder Verboten durch Kriege, Handelsrecht sowie Seuchen unterlag, belegt beispielsweise 1644 ein Vermerk des Pinneberger Amtsschreibers über die Fährgebühren: „Deß Ochsenmarckt zu Wedel ist wegen des eingefallenen Kriegeß nicht gehalten dero wegen von ubergeschifften Ochsen keine Gelder aufkommen."

In den vergangenen Jahrzehnten sind viele Straßen umbenannt worden, dennoch weisen vor allem in Dörfern immer noch zahlreiche Namen auf ursprüngliche Zusammenhänge mit dem historischen Ochsenhandel hin. Manchmal benennen sogar die Eigennamen von Städten wichtige Funktionen: So galt es bei *Ochsenfurt* in Unterfranken den Main und im englischen *Oxford* die Themse mit Rindern zu überqueren. Und auch die Bezeichnung *Bosporus* für die Meerenge zwischen Marmarameer und Schwarzem Meer bedeutet: *Rinderfurt*.

Trotz interessanter Untersuchungsergebnisse einzelner (Agrar-)Ökonomen, Archäologen und (Agrar-)Historiker über die Infrastruktur entlang der Ochsenwege – abendliche Versorgungsstellen, Viehmärkte, Fähren, Maut- und Zollstationen – gerieten die meisten Ursprünge weitgehend in Vergessenheit. Erstmals 1978 diskutierten Experten verschiedener Länder und Fachrichtungen auf einer Konferenz im schottischen Edinburgh gemeinsam den Wissensstand zum Internationalen Ochsenhandel für den Zeitraum von 1350 bis 1750.[iii]

1996 gründete sich in Schleswig-Holstein der Verein *Arbeitsgemeinschaft Ochsenweg*.[iv] Nachdem auch Tourismus- und Marketingfachleute in Schleswig-Holstein und Hamburg das Marktpotenzial der historischen Ereignisse und Orte erkannten, flossen Gelder, um die Kulturgüter für die Öffentlichkeit sichtbar und erfahrbar zu machen: Seit 1998 erinnert ein Fernradweg an den historischen Ochsenweg vom Norden Dänemarks bis zur Elbe. Dort locken kulinarische und andere Angebote – zum Beispiel im Rahmen der jährlichen *Ochsentour* – Anwohner und Touristen.

2004 startete auch der Süden Deutschlands mit dem ersten *Altbaierischen Oxentag* die Wiederbelebung historischer *Oxenwege*, auf denen ungarische Rinder überwiegend via Wien nach Bayern gelangt waren, für die Öffentlichkeit. Seit 2007 markieren zehn *Oxen-Meilensteine* Teile der historischen *Oxentour* im Wittelsbacher Land.[v] 2008 trafen sich Vertreter von Forschung, Wirtschaft und kommunaler Verwaltung zu ihrem ersten internationalen Symposium, um den *Altbaierischen*

Oxenweg zusammen mit ungarischen, österreichischen und polnischen Kollegen in den kommenden Jahren auf den Weg zu bringen. Die Europäische Union fördert das Revitalisierungsprojekt als *Leitlinie einer modernen, gemeinsamen Regionalentwicklung.*[vi]

Die historischen Unterschiede zwischen dem *Ochsenweg* im Norden und dem *Oxenweg* im Süden sind groß – und viel größer, als das *X* im Namen der bayrischen Öffentlichkeitsoffensive ahnen lässt.[vii]

41.598 Ochsen am Zoll in Rendsburg

Charakteristisch für die Wanderungsbedingungen von Norden nach Süden auf dem Landrücken zwischen Nord- und Ostsee waren die geographische Enge und der extrem kurze Zeitraum, währenddessen der Hauptteil der Ochsen Jahr für Jahr getrieben wurde. Zahlreiche Moor- und Sumpfgebiete engten die begehbaren Verbindungen noch zusätzlich ein.[4]

Die dänischen Ochsen wurden im Winter aufgestallt und unabhängig von der Gesamtzahl immer paarweise verkauft. Das dänische Recht schrieb vor, dass ausländische Einkäufer selbst ins Land kamen. Die meisten suchten schon im Herbst ihre Tiere aus und markierten deren Fell mit ihrem Erkennungszeichen. Die anderen besuchten die Viehmärkte, die ab März stattfanden. Der größte Teil der jütländischen Ochsen gelangte in die Niederlande.[5] Der Bedarf der Kolonialmacht stieg mit den Schiffsreisen, weil sich das Fleisch der jütländischen Ochsen besonders gut konservieren ließ. Weil der Weg dorthin am weitesten war und die Weiden in Dänemark ab dem Frühjahr vor allem für die Exportochsen der kommenden Jahre bestimmt waren, holten die Treiber die Ochsen meistens im Spätwinter für den Viehtrieb ab.[viii]

In Jütland und den nordwestdeutschen Küstenregionen waren viele Böden nicht ackerfähig. Im Gegensatz zu den von der *Vergetreidung* dominierten küstenfernen Regionen, in denen das *Mistvieh* darbte, war viel mehr Grünland für das Vieh verfügbar. Deshalb konnte sich die Rin-

[4] Deshalb blieben für die Ochsentreiber ebenso wie für Pilger, Händler und Soldaten meistens nur dieselben Streckenabschnitte. Deren kulturhistorische Relikte liegen häufig nah beieinander und schließen auch prähistorische Funde ein.

[5] Je weiter nördlich ihre Herkunft lag, desto eher wurden sie ab Jütland verschifft.

derzucht entwickeln: In Schleswig-Holstein lohnte sich die Milchviehhaltung in Kombination mit der Mast der männlichen Tiere, so dass die Weiden für die regionalen Zweinutzungsrassen bestimmt waren.

Auf den jütländischen Betrieben und Viehmärkten kauften hauptsächlich Händler, die die Ochsen anschließend entweder in die Niederlande oder immer weiter gen Süden – zum Beispiel bis nach Köln – trieben bzw. treiben ließen. Einige setzen aber bereits einen Teil der Tiere auf den Märkten entlang der Route ab, beginnend in Husum, Itzehoe und Wedel bzw. Hamburg. In Abhängigkeit von der regionalen Fleischversorgung gelangte dorthin aber auch Vieh, das aus der jeweiligen Region stammte.

Die besten Aufzeichnungen für den *Trift* genannten Viehtrieb sind von den beiden Zollstellen Gottorf und Rendsburg überliefert, die jegliches Vieh, das auf offiziellem Weg weiter nach Westen oder Süden sollte, queren musste. Sie beginnen mit den Jahren 1547 bzw. 1553 und weisen jeweils bis 1704 nur wenige Lücken auf: Jährlich passierten den Zoll um 1500 circa 20.000, um 1520 knapp 30.000 und zwischen 1545 und 1578 etwa 40.000 Ochsen.

Die logistische Herausforderung in Rendsburg war zu Beginn des Frühjahrs extrem. Von 45.779 im Jahr 1565 verzollten Ochsen wurden 41.598 innerhalb eines Monats – im März – abgefertigt! Bei näherer Betrachtung wirken solche Zahlen noch unglaublicher: In einigen Jahren gingen 30 bis 40 Herden an einem einzigen Tag durch den Zoll, wobei die durchschnittliche Größe der Herden um 1600 bei 200 Tieren und um 1700 bei 400 lag. Die Höhepunkte der Abfertigung erfolgten regelmäßig um den 20. März. Der Tagesrekord datiert vom 16. März 1617, als 37 Herden mit insgesamt 11.760 Ochsen verzollt wurden!

Wie groß die organisatorische Leistung war, belegen auch Dokumente über die Einnahmen an der Fährverbindung über die Elbe bei Wedel oberhalb von Hamburg: 1496 wurden über 8.000 und 1497 über 7.000 Ochsen innerhalb weniger Wochen übergesetzt.

In der zweiten Hälfte des 16. Jahrhunderts hieß es für circa dreiviertel der in Rendsburg verzollten Ochsen: weiter wandern bis nach Oldenburg, Friesland oder in die Niederlande. Deshalb mussten sie alle die Elbe überqueren. Für das Jahr 1566 liegen die Zahlen sämtlicher Elbfähren vor – insgesamt 24.229 transportierte Ochsen. Für spätere Jahre sind wiederholt über 30.000 Ochsen dokumentiert.

Dass die Triften aus Jütland bereits so früh im Jahr stattfanden, hatte den Vorteil, dass im Februar manchmal noch (Boden-)Frost herrschte. Deshalb und weil die Vegetationsperiode noch nicht begonnen hatte, konnten die Herden kaum Flurschäden an wachsendem Getreide anrichten. Weil andererseits die Bach- und Flussauen noch kein Grünfutter boten, musste für jeden Abend Heu organisiert werden.

Im Verlauf des 15. Jahrhunderts etablierten sich Gasthäuser entlang der Wege, die Rastplätze für die Tiere boten. Typisch für diese sogenannten *Krüge* war ihre Lage außerhalb der Ortschaften. Das Marschvermögen der Ochsen erlaubte am Tag Distanzen zwischen 20 und 25 Kilometer. Im März erreichten häufig mehrere Tausend Ochsen die abendlichen Anlaufstellen. Deren Nahrungsangebot diente tagsüber sicherlich auch als Motivation zum Marschieren – für Tiere und Menschen.[6] Für die Strecke von Vendsyssel im Norden Jütlands bis nach Wedel an der Elbe werden einschließlich der notwendigen Rasttage insgesamt circa 30 Tage angegeben.[7]

Wenn die jütländischen Ochsen bei ihren Eigentümern oder auf Märkten ankamen, hatten sie 50 bis 100 Kilogramm abgenommen. Entscheidend war, wie schnell sie wieder zunahmen. Erfahrene Käufer verfügten deshalb über einen Blick für das Fleischansatzvermögen. Um wieder Gewicht zuzulegen, weideten die Ochsen den Sommer über auf den Wiesen der nordwestdeutschen und niederländischen Tiefebenen und wurden im Herbst an Endverbraucher verkauft.

Ochsen waren in Nordwestdeutschland das wichtigste Handelsgut und unterlagen starken konjunkturellen und kriegsbedingten Schwankungen. Die Ochsentriften durch die Herzogtümer nahmen Mitte des 17. Jahrhunderts kriegsbedingt ab und erreichten den alten Umfang danach nicht wieder. Getrieben wurde bis in die Mitte des 19. Jahrhunderts, danach übernahm die Eisenbahn den Viehtransport.

Der Altbaierische Oxenweg

Der Ochsenhandel mit Ungarn war vom 14. bis ins 18. Jahrhundert der wichtigste Beitrag zur bayrischen Fleischversorgung.[ix] Mitte des 16.

[6] Nur wenige der jütländischen Triften führten einen Heuwagen mit.

[7] Die kürzeste Verbindung beträgt heute knapp 500 Kilometer.

Jahrhunderts erreichte er mit geschätzten 150.000 Ochsen pro Jahr seinen Höhepunkt.[8] Nach Augsburg wurden zwischen 1572 und 1583 insgesamt circa 75.000 Ochsen getrieben.[9]

In der Puszta lebten bis zu drei Millionen gut bemuskelte und marschfähige Steppenrinder. Sie waren größer und schwerer als die Konkurrenz aus Deutschland, aber auch als die aus Polen und Dänemark. Selbst nach dem langen Marsch nach Süddeutschland sind für sie höhere Schlachtgewichte dokumentiert als für die regionalen Landschläge. Um eine Vermischung mit Fleisch schlechterer Qualität zu verhindern, verboten einige Städte den Metzgern, ihre einheimischen Rinder zu verarbeiten, sowie die ungarischen Ochsen eingetroffen waren.

„Zu 200 ochsen müsse man vier knechte haben, und einen liedtschmann, der vor den ochsen hergeht, und die ochsen alle tag zehlet." Fünf Männer für 200 Ochsen – nicht nur niederländische und norddeutsche, sondern auch ungarische und süddeutsche Treiber müssen gewusst haben, wie mit Rindern ohne die heute übliche Technik umzugehen ist! Besonders, wenn man sich das *Ungarische Steppenrind* vorstellt: Die Exportochsen wogen beim Start zwischen 350 und 500 und im 18. Jahrhundert über 650 Kilogramm. Getrieben wurden Herden mit 50 bis 200 Tieren. Ihre Hörner waren bis zu 80 Zentimeter lang.[x] Hinweise auf Verletzungen bei Menschen ließen sich bisher nicht finden. Verletzungen bei den Tieren waren selten und betrafen vereinzelt Lahmheiten. *Marschkranke* Tiere wurden unterwegs verkauft, um die Triften nicht aufzuhalten.

Vor allem bezüglich der Jahreszeiten und der Wegführung sowie in rechtlicher Hinsicht unterschied sich der Ochsenhandel im Süden von den Triften aus Dänemark:

- Bis 1526 hatten Händler und Metzger aus Süddeutschland und Norditalien ihre Tiere selbst in Ungarn einkaufen können. Danach verbot das *Wiener Stapelrecht* Treibern aus Ungarn, das Vieh über Österreich hinaus zu treiben und zwang die süddeutschen und italienischen

[8] Nördlich des Mains dominierten Importe aus Polen.

[9] 1578 kauften Augsburger Händler in Wien 6.100 Ochsen, 1590 waren es 6.600, 1594 sind 6.100 und 1597 über 6.700 dokumentiert.

Händler, Ochsen auf den Hauptmärkten in Wien und Hustopece zu kaufen.[10]

- Die Verbindungen von Wien beispielsweise nach Augsburg oder Nürnberg ließen viele Alternativen zu. Weil die Triften über den Sommer verteilt waren, reichten kleinere Rasthöfe für den allabendlichen Ansturm. Zudem führten die Triften im Süden meist einen Küchenwagen mit oder suchten private Quartiere auf.
- Die Triften im Norden waren auf den März konzentriert und riskierten weniger Flurschäden. Die ungarischen begannen erst mit der beginnenden Vegetationszeit im Mai und hielten den Sommer über an. Die meisten Triften erreichten die großen Umschlagplätze in Wien und Hustopece zwischen Juni und August. Auf dem Wiener Viehmarkt am *Ochsengrieß* in der Nähe des heutigen Bahnhofs *Wien Mitte*, wurden zwischen 1548 und 1558 circa 550.000 Rinder gehandelt, den Großteil kauften süddeutsche Ochsenhändler.

Der Haupttrieb der aus Wien kommenden Triften erfolgte in Deutschland erst nach der Getreideernte. Auch im bayrischen Raum lagen die Tagesdistanzen zwischen 15 und 25 Kilometer.[11]

Zahlreiche Dokumente aus dem bayrischen Raum belegen Streitigkeiten über Schäden an Feldern. Nürnberg und Augsburg waren die wichtigsten Zwischenumschlagplätze. Dort fanden die größten Viehmärkte im September und Oktober statt. Somit gab es für den Viehtrieb keine extremen zeitlichen Ballungen und auch keine örtlichen Extreme wie im Norden, weil viele alternative Wege begehbar waren; deshalb zogen die Viehtreiber in Süd- und Mitteldeutschland mit ihren Triften statt auf speziellen Trassen häufig über die üblichen Landstraßen.

Wie im überwiegenden Teil Deutschlands war auch in Bayern die Viehwirtschaft der Getreidewirtschaft untergeordnet. Vieh galt in Folge der *Vergetreidung* als notwendiges Übel und setzte wenig Fleisch an.

[10] Hustopece (ehemals Auspitz) liegt in Mähren, dem östlichen Drittel Tschechiens. Dort wurden polnische und ungarische Ochsen gehandelt.

Bis 1572 mussten auch sämtliche für Norditalien bestimmte Ochsen den Weg über den Markt in Wien nehmen. Als ein großer Teil Ungarns von den Türken besetzt war, hatte Wien Probleme mit der Fleischversorgung.

[11] Wie in Jütland gibt es auch für die ebenfalls über 500 Kilometer lange Strecke von Wien nach Augsburg Angaben über Triebzeiten von circa vier Wochen.

Während die Weiden in Schleswig-Holstein für das lokale Vieh bestimmt waren, konnte es in Bayern lukrativer sein, durchziehenden Ochsen Weideland zu bieten. So regelte die Gemeindeordnung von Weichering an der Donau aus dem Jahr 1579: „Wann ein ochsentreiber mit viech gehn Weyhering kombt, so solle man im von aim mittag zum andern auf der brach lassen und dann weiter treiben."

Der größere Teil der Ochsen wurde nach der Ankunft in den Verbraucherzentren sofort geschlachtet. Neben den Tagesweiden während des Viehtriebs existierten aber auch Weiden für diejenigen Ochsen, die noch für einige Wochen als Schlachtviehreserve gehalten werden sollten. So weideten Metzger aus dem Raum östlich von Augsburg einen Teil ihrer aus Ungarn kommenden Ochsen im *Grasslfinger Moos* zwischen Dachau und Fürstenfeldbruck auf Flächen, die dem jeweiligen Wittelsbacher Landesherren gehörten.

Auch über die Ochsenwege aus Polen liegen zahlreiche Dokumente vor. Von dort zogen polnische und russische aber auch viele ungarische Steppenrinder Richtung Westen und teilweise bis nach Frankfurt am Main. Die weitere Auswertung dieser wie auch die der anderen Ochsenwege lässt noch viele Detailinformationen über den Umgang mit Rindern und die regional unterschiedlichen Formen der Grünlandnutzung erwarten.[xi]

Da in Grünlandregionen viel mehr Rinder gehalten als dort regional konsumiert werden können, gelang(t)en im Austausch gegen Fleisch (früher Rinder) andere Handelsgüter wie Getreide dorthin. Die Wanderungen *zu Fuß* bzw. *on the hoof* wurden häufig durch Kriege und Seuchen behindert und mussten zeitweilig ganz ausbleiben. Die Dokumente lassen aber ansonsten darauf schließen, dass sie – bis auf unvermeidliche Überfälle – unspektakulär verliefen. Sie endeten generell erst, wenn Eisenbahnen den Betrieb aufnahmen.

Kapitel 9

Pioniere einst und jetzt – Kuh-Zunft (2)

In vergangenen Jahrhunderten wurde nachhaltig genutztes Grünland als unverzichtbare Ressource zur – letztlich – menschlichen Ernährung wahrgenommen. Obwohl Grünland inzwischen auf allen Kontinenten in großem Umfang umgepflügt wird, bedeckt es immer noch 40 Prozent der weltweiten Landfläche.

„Landwirtschaft kann Teil der Lösung sein", lautete im Mai 2010 die programmatische Botschaft der UN-Landwirtschaftsorganisation (FAO) zum Auftakt einer Tagung zur *UN-Klimarahmenkonvention.*

Damit Landwirtschaft tatsächlich Teil der Lösung wird, kann und muss nachhaltige Grünlandnutzung eine entscheidende Rolle spielen. Aber seit Jahrzehnten bevorteilen die politischen Rahmenbedingungen den Ackerbau gegenüber dem Grünland – in der Europäischen Union meist zugunsten des intensiven Maisanbaus zur Produktion von Tierfutter und auch für Agroenergie.

Grünland im Umbruch betitelte das *Bundesamt für Naturschutz* 2009 seine Studie.[i] Weltweit belegen über 100 Studien, dass der Umbruch den Kohlenstoff im Boden durchschnittlich um knapp 60 Prozent verringert und die stärkste Freisetzung von CO_2 aus dem Boden verursacht.[ii]

Entsprechend groß ist das mit der Erhaltung von Grünland und seiner Neuanlage verbundene Potenzial: Beweidung führte an neun Grünlandstandorten in Europa durchschnittlich zu einer zusätzlichen Tonne Kohlenstoff pro Hektar und Jahr im Boden.[iii] „Bezüglich der CO_2-Speicherung im Boden ist (...) hinlänglich die Überlegenheit von Dauergrünland im Vergleich zu Ackerfutterbausystemen dokumentiert."[iv]

Ganz im Sinne einer *Pro-Gras*-Bewegung setzen inzwischen Menschen unterschiedlicher Herkunft und Ausbildung auf Beweidung und Produkte aus Gras und Heu. Erforderlich ist langfristige Kooperation mit dem Handwerk und weiteren regionalen Akteuren ebenso wie die mit den KonsumentInnen der Produkte aus nachhaltiger Weidehaltung.

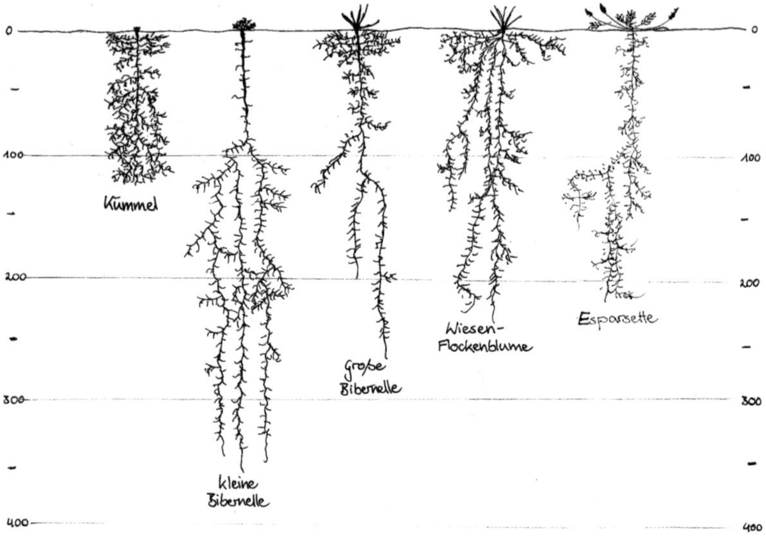

Wiesentiefwurzler. Quelle: Kutschera, L. und E. Lichtenegger (1992): Wurzelatlas mitteleuropäischer Grünlandpflanzen. Bd. 2/1: *Pteriophyta* und *Dicotyledoneae.* Stuttgart, Jena, New York.

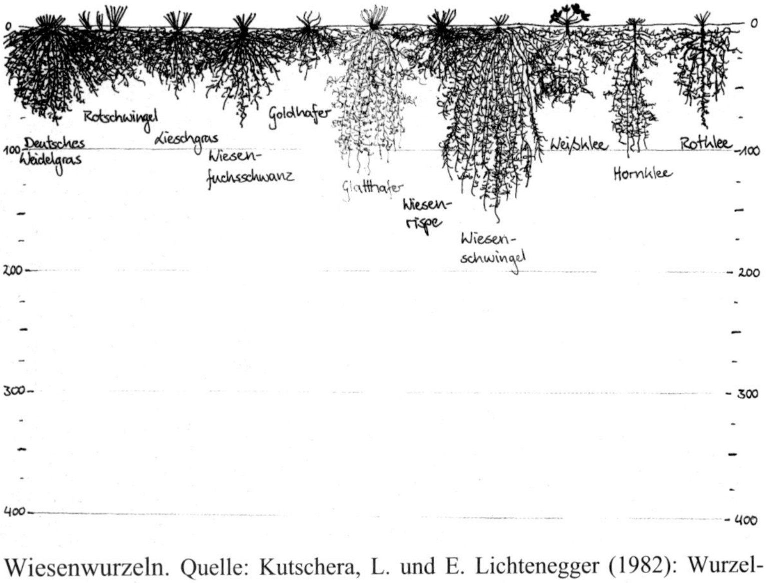

Wiesenwurzeln. Quelle: Kutschera, L. und E. Lichtenegger (1982): Wurzelatlas mitteleuropäischer Grünlandpflanzen, Bd. 1: *Monocotyledonae*. Stuttgart.

Braunviehherde beim Albabtrieb in *Graubünden*

Wasserbüffel beim Suhlen auf dem *Schumannhof* in Brandenburg

Galloway-Kuh mit Kälbern auf dem *Hof am Mühlenbach* in Mecklenburg-Vorpommern

Galloway-Kühe mit Kälbern auf dem *Schumannhof* in Brandenburg

Galloways und Wasserbüffel auf dem *Schumannhof* in Brandenburg

Galloway Kuh und Wasserbüffel auf dem *Schumannhof* in Brandenburg

Nguni-Rinder auf der Farm *Springbockvley* in Namibia

Damara-Schafe auf der Farm *Springbockvley* in Namibia

Merino-Schafherde von Schäfer Maik Dünow in den *Rheinauen* bei Duisburg

Merino-Schwarzkopf-Rhönschafherde von Schäfer Günther Czerkus auf dem Weg zur Arbeit in Rheinlandpfalz

Ungarische Steppenrinder im *Naturschutz-Nationalpark Balaton-Oberland*

Murnau-Werdenfelser Rinder, Weideaustrieb im *Donaumoos*

Murnau-Werdenfelser Rinder im *Donaumoos*

Murnau-Werdenfelser Rinder im *Donaumoos*

Taurus-Rinder in den *Lippeauen*

Wisente in den *Lippeauen*

Taurus-Rinder in den *Lippeauen*

Wisente in den *Lippeauen*

Junger Wasserbüffel an der Suhle auf dem *Schumannhof* in Brandenburg

Fleckviehherde der Familie Maier am Fuß der *Schwäbischen Alp*

Kapitel 10

Hirtenvölker – Warum heißt der *gute Hirte* eigentlich Pastor?

Obwohl benachteiligt und in den Industrieländern bereits seit Jahrzehnten totgesagt, ist Wanderweidewirtschaft nicht nur eine alte, sondern eine weiterhin verbreitete Form der Landnutzung. Weltweit leben circa 800 Millionen Angehörige von Hirtenvölkern.[i] Allein in Afrika werden 40 Prozent der Landfläche von Hirtenvölkern genutzt.[ii]

Nicht anders als aus europäischen Aufzuchtgebieten wie der ungarischen Steppe und den jütländischen Niederungen oder den amerikanischen, argentinischen und brasilianischen Weidegründen wanderten auch aus Trockengebieten wie der Sahelzone jahrhundertelang Rinder *on the hoof* in die Städte, ehe auch dort Eisenbahnen und LKWs den Transport zu den Versorgungszentren übernahmen.

So grundlegend, wie sich die Positionen zur intensiven Rinderfütterung mit Mais, Getreide und Soja unterscheiden, so weit liegen auch die Meinungen über Hirtenvölker in Dürregebieten auseinander:

Heuschrecken sagen die einen und meinen Wiederkäuer wie insbesondere hungrige Ziegen, die Büschen und Bäumen in Ermangelung von Nahrungsalternativen den Rest geben.

Modern und mobil sagen die anderen und meinen angesichts des Welthungers das Potenzial zur nachhaltigen Landnutzung insbesondere in Zeiten des Klimawandels, da die mit der Mobilität verbundene Flexibilität erlaubt, auch kurzfristig zu reagieren und den Ort oder sogar die Region gegebenenfalls mitsamt der Habe zu verlassen.

Zu den Hirtenvölkern zählen *Nomaden*, die nicht sesshaft, sondern während ihres ganzen Lebens zusammen mit dem Vieh unterwegs sind: Sie wandern mit ihrem gesamten Hausstand und verlegen so ihren Wohnort auf die jeweiligen Weidegründe. Eine weitaus größere Zahl von Menschen lebt nicht nomadisch, sondern in *Transhumanz*: Menschen und

Tiere verbringen bei dieser Lebensform einen Teil des Jahres in ihren Heimatorten und wandern nur saisonal.

Hirtenvölker bewohnen Savannen, Steppen und Tundren – Graslandschaften, die sich nicht oder nur an vereinzelten Orten für den Ackerbau eignen. Zu den bekannteren zählen zum Beispiel die Tuareg und die Massai in Afrika mit Rindern, Schafen und Ziegen, die rentierzüchtenden Samen in Nordeuropa und die turkstämmigen Tuwiner im mongolischen Teil des Altaigebirge sowie in Sibirien – mit Yaks, Schafen, Ziegen, Kamelen oder Rentieren.[1]

Ob nomadisch oder transhumant lebende Menschen – letztlich wandern die Hirten mit den Herden dem Futter hinterher – in Afrika suchen sie während der Trockenzeit Weidegründe in entfernteren Regionen auf oder ziehen in asiatischen Steppen während des Sommers in Höhenlagen, deren Böden im Winter tief gefroren und verschneit sind.

Jeremy Rifkin irrte – auch hier[iii]

In seinem Buch *Das Imperium der Rinder* bringt der US-amerikanische Umweltaktivist Jeremy Rifkin 1994 seine Abscheu über die *menschen*gemachte Wüstenbildung (Desertifikation) mit einer fatalen Gleichsetzung zum Ausdruck: *Heuschrecken mit Hufen.* In beiden Formulierungen verwechselt er die Rinder mit denjenigen, die das Fütterungs- bzw. Beweidungssystem zu verantworten haben; denn Hausrinder sind in diesem Kontext nicht Subjekt, sondern Objekt, über dessen Aufenthaltsort Menschen entscheiden.

Zutreffend ist, wie Jeremy Rifkin die Ursachen des ökologischen Desasters beschreibt: „Überweidung, landwirtschaftlicher Raubbau, Waldzerstörung und falsche Bewässerungstechniken.“ Grundsätzlich ist Überweidung ein verbreitetes Problem. Dabei sind ihre Folgen umso sichtbarer, je fragiler die betroffenen Böden sind. Deshalb wird Überweidung vorrangig in Trockengebieten und somit im Zusammenhang mit Hirtenvölkern wahrgenommen und diskutiert, obwohl Schäden des Grünlandes durch zu intensiven Tierbesatz weltweit verbreitet sind.

[1] Der auf deutsch publizierende Schriftsteller Galsan Tschinag ist Stammesoberhaupt der Tuwiner im Altai.

Falsch ist hingegen Rifkins Schlussfolgerung, wonach *eine Perspektive jenseits der Rinderkultur* notwendig ist, um diese Probleme zu lösen. Denn auch Wüstenbildung wird nicht dadurch verhindert, dass Wiederkäuer und ihre Hirten von den Böden vertrieben werden. Im Gegenteil – die Wiederbegrünung erfordert nachhaltige Beweidung. Viehlose Trockengebiete verbuschen, so wie das Fehlen der Wiederkäuer in feuchteren Klimaten zur Verwaldung führt. Da wie dort würde sich die Vegetation ohne Graser auf Kosten der Gräser und somit einer schonenden Bodenbedeckung entwickeln, mit der auch die Futtergrundlage für künftig weidende Tiere schwindet.[2]

Jeremy Rifkin erkennt zwar letztlich den Menschen als Täter, verkennt aber die Notwendigkeit der Rinderhaltung: „Milliarden Rinder zertrampeln überall auf unserem Planeten die seit langem dort beheimateten Gräser und fressen einen Großteil der Vegetationsdecke von den noch existierenden Grasflächen der Erde.“

Jedoch Wiederkäuer fern zu halten, ist auch in Trockenregionen wie im Sahel keine Lösung, sondern ein fataler Fehler.[iv] Denn wie in allen Klimazonen sind Graslandschaften auch in Trockengebieten durch Co-Evolution mit grasenden Tieren entstanden. Ohne Graser, die Busch- und Baumschösslinge beweiden, können sich Gräser auf Dauer nicht gegen Büsche und Bäume durchsetzen, die ihnen immer mehr Sonnenlicht und Energie nehmen. Zudem löst das Abfressen einen Wachstumsimpuls aus, und vor allem durch den Tritt der Klauen gelangen Samenkörner, weitere organische Substanz und Dung in den Boden.[v] Anschließend benötigen die Gräser genügend Zeit – in Abhängigkeit von der Jahreszeit und der Region, um neue Pflanzenmasse bilden zu können.[vi] Die Folge einer zu kurzen Regenerationszeit lässt die Wurzelmasse schrumpfen und Böden und Bewuchs in der Folge verarmen.[3] [vii]

Unterweidung kann somit genauso problematisch sein wie *Überweidung*. Denn viele Gräser wachsen nicht trotz, sondern wegen der Hausrinder, die im saisonalen Rhythmus wiederkehren: Ohne Graser wächst auf Dauer kein Gras mehr.

[2] Vgl. S. 35ff. *Globale Landschaftsgärtner – Wir brauchen die Kuh.*

[3] Vgl. S. 133ff. *„Ekkehard ist der Schafmann, und ich bin die Rinderfrau.“*

Die Entwertung des traditionellen Wissens

Die tatsächlich Verantwortlichen für die Wüstenbildung sind Menschen – beginnend mit dem Kolonialismus, der wie auch alle folgenden Herrschaftsformen aus Nomaden und in Transhumanz lebenden Menschen dauerhaft Sesshafte machen wollte. In der Folge entwerten politische Grenzen und unüberwindbare Zäune einen großen Teil des traditionellen Wissens, das über Jahrtausende das Leben *zu Fuß* bzw. *on the hoof* geprägt hatte. So gehört es zu den überlebenswichtigen Erfahrungen der Hirten, zu wissen, für wie viele Tiere eine Wasserstelle zu einem bestimmten Zeitpunkt noch ausreichend Wasser bietet.

Aber im 20. Jahrhundert wurde versucht, den politischen Willen, Hirtenvölker in Afrika sesshaft zu machen, wesentlich über die Entwicklungshilfe umzusetzen: Die Bohrung tiefer Brunnen in der Nähe von Ortschaften zeigte teilweise die gewünschte Wirkung, hatte aber fatale Folgen für die Böden: Denn nun blieben die Herden länger vor Ort, als es die Wasservorkommen zuvor in Abhängigkeit von der Jahreszeit ermöglicht hatten. So haben letztlich viele Brunnenprojekte verursacht, dass die in Jahrhunderten gewachsenen Ökosysteme durch Überweidung empfindlich gestört wurden.

Darüber hinaus hat die Entwicklungspolitik die Marginalisierung der Hirtenvölker über Jahrzehnte auch durch Ackerbauprojekte verstärkt, die auf Kosten der Weideressourcen der Hirtenvölker entwickelt wurden.[4] [viii] Dadurch verlor der Boden seine typische Vegetation: die an den Wechsel zwischen kurzen, heftigen Regenzeiten und langen Trockenzeiten gewöhnte Dauerbedeckung.[ix] Mit dem Aufreißen der Grasnarbe für den Ackerbau untrennbar verbunden sind der Verlust von Kohlenstoff aus den Böden ebenso wie die Gefahr der Erosion. Denn die der Verdunstung und Austrocknung ausgesetzte Bodenkrume erodiert durch Wasser und Wind teilweise völlig.

Bereits Ende der 1970er Jahre hatte die Weltbank 98 Prozent ihrer Förderung zur Erforschung und Entwicklung des Pastoralismus gestrichen.[x] Maryam Niamir-Fuller, lange Zeit leitende Beraterin beim *UN-Entwicklungsprogramm UNDP,* monierte immer wieder diese für die

[4] Im Sahel versuchte in den 1990er Jahren auch die Gesellschaft für Technische Zusammenarbeit (GTZ), durch Partizipationsprojekte die Benachteiligung von Hirtenvölkern teilweise zu kompensieren.

Bodenfruchtbarkeit äußerst problematische Entscheidung: Aber sie blieb trotz ihres großen Engagements für Umweltinvestitionen in Entwicklungsländern mit ihrer Kritik ungehört.[5] [xi]

Von den unterschiedlichen Krisen sind Hirtenvölker aufgrund ihrer Lebensweise besonders betroffen. Denn ob Bevölkerungswachstum, lokale Unruhen, Kriege um Rohstoffe oder *Cash Crops*[6] wie Tierfutter, Ananas und Energiepflanzen für die Industrieländer – für die Hirtenvölker haben diese Entwicklungen meistens den gleichen Effekt wie Dürre, Klimawandel und Überweidung: Sie schränken ihren Lebensraum ein, sodass die für sie lebenswichtigen Ressourcen Boden, biologische Vielfalt an Tieren und Pflanzen sowie Wasser immer weniger verfügbar sind. Hier wird die zur kapitalistischen konträre Lebensweise der Hirtenvölker besonders deutlich: Es geht ihnen nie um Eigentum an Ressourcen, sondern immer nur um deren zeitweilige Nutzung![xii] Da Hirtenvölker ohne die Wahrung traditioneller Zugangsrechte nicht überleben können, fordert die *Liga für Hirtenvölker* existenzielle Rechte als *Livestock keepers rights* rechtsverbindlich zu implementieren.[xiii]

Seit den 1970er Jahren bedroht die Industrialisierung der Pflanzen- und Tierzucht die wirtschaftliche Wettbewerbsfähigkeit von Hirtenvölkern. Bewässerung und synthetischer (Stickstoff-)Dünger ermöglichten, ungeheure Mengen Tierfutter herzustellen – vor allem Hybridmais. Daran knüpfte der Bau so genannter Feedlots an: In diesen Mastarealen werden Tausende Tiere in ihren letzten Lebensmonaten in intensiver Massentierhaltung unter freiem Himmel gemästet, um in kürzester Zeit mit extrem energiereichem Futter und fast ohne Bewegung maximal zuzunehmen.

Da einheimische Rinder, die ihre Robustheit und Fitness über Jahre mit kargem Futter unter Beweis gestellt hatten, weit weniger Fleisch ansetzten als auf schnelle Zunahmen selektierte *exotische* Rassen, wurde ihr Fleisch mehr und mehr von lokalen Märkten verdrängt. Als weiterer

[5] Dass die Veränderungen des Bodens oft unumkehrbar sind, schlug sich 1994 in der Verabschiedung der UN-Konvention zur Bekämpfung der Desertifikation und 2006 im Internationalen Jahr der Desertifikation nieder – ebenfalls ohne grundsätzliche Effekte für die Lebensbedingungen der Hirtenvölker.

[6] *Cash Crops*: englisch für *Geld-Pflanzen*; Ackerfrüchte, die oft auf Kosten Hungernder für den internationalen Markt anstelle der Lebensmittelversorgung im Anbauland produziert werden.

Druck wirkt(e) Preisdumping durch Importe von Fleisch, dessen Produktion und Handel teilweise mehrfach subventioniert war und ist. Auf der Basis des billigen Mastfutters war in der *Europäischen Wirtschaftsgemeinschaft* (EWG) ein *Fleischberg* entstanden. Um ihn abzubauen, mussten Steuerzahler mit fast einer Milliarde D-Mark zwischen 1984 und 1994 für die Rinderhalter der Sahel-Region existenzbedrohende Rindfleischexporte finanzieren: Jedes nach Westafrika exportierte Kilo war mit vier D-Mark bezuschusst und kostete dadurch nur halb so viel wie dort einheimisch erzeugtes Fleisch. Das ruinierte viele lokale Rinderhalter und Händler.[7] [xiv]

Der Pastor – der gute Hirte

Abgeleitet vom englischen Wort *pasture* für Gras und Weide werden transhumant oder nomadisch lebende Menschen auch als *Pastoralisten* und ihre Lebensform als Pastoralismus bezeichnet. Darauf geht die deutsche Bezeichnung *Pastor* zurück: Er soll sich um seine Gemeinde genauso kümmern wie der *gute Hirte*, der seine Schafe im wahrsten Sinne des Wortes *ins Trockene* bringt.

Über 7.000 Jahre hat sich der immer wieder hart erprobte Pastoralismus in Trockengebieten bewährt – als vernunftbestimmtes, anpassungsfähiges und nachhaltiges Produktionssystem. Die Statistik offenbart seine heutige sozioökonomische Bedeutung: In Burkina Faso hüten Pastoralisten 70 Prozent und im Niger 76 Prozent der Rinderpopulation; Tiere von Pastoralisten machen im Tschad über ein Drittel der Exporte aus und ernähren 40 Prozent der Bevölkerung; für Kenia wird die Tierhaltung von Pastoralisten mit jährlich 800 Millionen US-Dollar beziffert.[xv]

Grundsätzlich ist die mobile Hütehaltung hochverträglich mit der Tier- und Pflanzenvielfalt – vorausgesetzt die Tierrassen und das Beweidungsmanagement passen zu den ökologischen Gegebenheiten. Lokale Rassen überstehen lange Trockenzeiten, Futter- und Wassermangel und verfügen über ausgeprägte Fitness, gutes Marschvermögen und gesunde

[7] Der durch intensive Informationsarbeit von NGOs erzeugte öffentliche Druck bewirkte, dass die Fleischexporte nach Westafrika zwischen 1993 und 1994 um 60 Prozent zurückgingen. Aber in Folge des BSE-Skandals zahlte die EU so hohe Subventionen, dass auch der innerafrikanische Handel aus südafrikanischen Ländern nicht dagegen konkurrieren konnte.

Klauen.[xvi] Einheimische Rassen durch *Exoten* züchterisch sukzessive zu verdrängen oder zu ersetzen, erfordert einen höheren Verbrauch an Ressourcen, der die Ökosysteme überlastet und dadurch die biologische Vielfalt schädigt.[xvii]

Obwohl der Pastoralismus angesichts der extremen klimatischen Schwankungen in Trockengebieten die widerstandsfähigste Landnutzungsform darstellt, ist er gleichzeitig die am wenigsten anerkannte und unterstützte.[xviii] Die mangelnde Anerkennung liegt auch daran, dass Hirtenvölker kaum Möglichkeiten haben, selbst für ihre Interessen einzutreten.[xix] So sind sie durch ihre Lebensform generell in rechtlichen Kontexten benachteiligt und unterliegen in der Regel einem unfairen Wettbewerb: Da ihre Kinder seltener und kürzer Schulen besuchen als die Kinder sesshafter Ackerbaufamilien, sind sie in der Folge auch in der Administration weniger bis gar nicht vertreten. Gesetze und andere Vorschriften tragen deshalb kaum die Handschrift von Pastoralisten, sondern leisten ihrer Benachteiligung häufig Vorschub.[xx]

Inzwischen herrscht ein genereller Konsens unter ExpertInnen, die auf die Lebenssituation der Menschen in Trockengebieten spezialisiert sind: Danach wären Pastoralisten, wenn sie nicht so sehr behindert würden, durch den Vorteil der Mobilität und ihre traditionellen Anpassungsstrategien besser gegen die klimatischen Entwicklungen gefeit als alle anderen ländlichen Bewohner und Erwerbsformen.[8] [xxi]

[8] In diesem Sinne lautet der Titel einer 2009 von IUCN, IIED und UNDP herausgegebenen Studie *Dryland Opportunities: A new paradigm for people, ecosystems and development.*

Arbeitstiere

Arbeitstiere haben entscheidend zur historischen Entwicklung der Agrarkultur beigetragen. Aber tierische Arbeitskraft gilt mehr und mehr als überkommen. Statt dessen wird weltweit die Motorisierung ideologisch und durch Subventionierung des Diesels gefördert. Zudem werden die ökologischen und sozialen Kosten der Nutzung fossiler Ressourcen externalisiert: bittere Realität nicht nur nach Unfällen wie am Golf von Mexiko, sondern auch wegen der alltäglichen Klimafolgen.

Auch heute noch ist weltweit ein Großteil der Dienstleistungen tierischen Ursprungs – besonders in der Landwirtschaft: als Zugtier im Ackerbau, bei der Wassergewinnung aus Brunnen im Göpel und als Zug- oder Lasttier beim Transport – zum Beispiel zu lokalen Märkten.[9] [xxii]

Die meisten Arbeitstiere sind in den Ländern im Einsatz, in denen die meisten Menschen hungern: 70 Prozent der Hungernden leben in China, Indien und Bangladesh. Während die männlichen Rinder, Wasserbüffel, Yaks und Kamele als Arbeitstiere genutzt werden, dienen die weiblichen vorrangig als Muttertiere und teilweise zur Milchgewinnung.[xxiii]

Häufig werden die *Heiligen Kühe* in Indien als *herrenlos* wahrgenommen. Sie haben aber alle ein Zuhause und müssen nur Notzeiten alleine überstehen. Ihr Überleben sichert das entscheidende Potenzial als Mutterkuh für ihre Besitzer: künftig ein Bullkalb zu gebären, das als Arbeitstier selbst genutzt oder verkauft werden kann.[xxiv]

Weil sie den Boden schonend und unter Vermeidung von Verdichtung bearbeiten sowie wegen steigender Kosten für fossile Energie vor dem Hintergrund von *Peak Oil* haben Arbeitstiere weiterhin eine große Bedeutung.[xxv] Aber schlechte Gesundheits- und Haltungsbedingungen, Überforderung sowie ungeeignete Geschirre, Ackergeräte und Transportkarren begrenzen die Effizienz der tierischen Arbeitskraft.

Deshalb liegt erhebliches wirtschaftliches Potenzial darin, die häufig tierschutzrelevanten Rahmenbedingungen entsprechend der lokalen Gegebenheiten zu verbessern.[xxvi]

[9] Neben Rindern und Wasserbüffeln werden besonders Esel, Kamele und Pferde genutzt – bei Transhumanz und Nomadismus auch zum Transport der Habe.

Kapitel 11

Samentaxi mit goldenem Tritt

Hunderte Fußgänger und Radfahrer trauen an Deutschlands bekanntestem Ort ihren Ohren nicht. Die meisten stutzen und *sehen* ein paar Meter weiter, was sie zuvor nur *gehört* haben: Das laute *Mää* ist echt. Es stammt von einer Herde Schwarzkopfschafe. Sie haben es wirklich geschafft. Am 5. Juni 2010 sind Wanderschäfer aus ganz Deutschland mit Schäfer Knut Kucznik und seiner Herde durch das Brandenburger Tor gezogen und dann wieder zurück in den Schatten der Bäume im Tiergarten: 50 Mutterschafe, 70 Lämmer und drei Altdeutsche Hütehunde – vorbei an verdutzten Berlinern und Touristen.

Perfektes Timing für den Start. Denn diese West-Ost-West-Passage war erst der Auftakt für den *Hirtenzug 2010.*[i] Zahlreiche Schäfer sind aus der ganzen Republik nach Berlin gereist, einfach um dabei zu sein, aber auch, um Erfahrungen zu sammeln, bevor der Staffelstab – seinen Hirtenstab würde natürlich keiner rausrücken – in den kommenden Wochen und Monaten an sie übergeben wird. Eineinhalb Jahre lang wurde die Demo der Wolltiere geplant. 30 Wanderschäfer beteiligen sich mit ihren Herden bis zum Herbst auf Teilstrecken an dem 1.400 Kilometer langen Zug nach Brüssel – und ziehen dann noch weiter bis nach Trier zum *Deutschen Grünlandtag*.

Beim Halt in Dörfern und Städten sorgt jeweils ein Begleittross für die Verkehrssicherheit und verteilt Informationen. Wer wissen will, wie Schäfer ticken – wortkarg? um jeden Satz verlegen? – kann sich dann gegebenenfalls von eigenen Vorurteilen verabschieden. Denn die meisten sprudeln – eloquent und mit viel Lust am Erzählen. Das müssen sie auch. Denn die Hirten erhoffen sich von ihren Aktionen mehr Verständnis, Anerkennung und Unterstützung. Unter dem Motto *Wir pflegen die Landschaft, die Sie lieben* soll das eigentliche Ziel transportiert werden: die ökologische und gesellschaftliche Bedeutung der Wanderschäferei – auch und gerade im 21. Jahrhundert.

„Samentaxi"! Leonie Schaefer gibt das zentrale Stichwort. Um die spezielle ökologische Bedeutung der Wanderschäferei als Vektor für Pflanzensamen zu dokumentieren, wird die Biologiestudentin den Schafzug im Rahmen eines Forschungsprojektes zur biologischen Vielfalt mehrere Wochen begleiten: „Wir nehmen Pflanzen immer so statisch wahr – an dem Ort, an dem wir sie sehen. Aber die Frage ist doch, wie sind sie da eigentlich hingekommen?!"

Je nach Region und Jahreszeit transportieren Schafe in ihren Fellen über zehntausend Pflanzensamen und etliche kleine Lebewesen. Eine Herde mit 400 Schafen kann so mehr als vier Millionen Samen mit sich tragen – manchmal über viele Hundert Kilometer. Und je hartschaliger die Samen in der täglichen Futterration sind, desto wichtiger ist die Magen-Darm-Passage zur Verbesserung ihrer Keimfähigkeit. Mit dem Kot erhalten die Samen sogleich eine Startdüngung.

Peter Poschlod, Botanikprofessor in Regensburg mit dem Schwerpunkt Arten- und Biotopschutz, nutzt die Gunst der Stunde: „Der *Hirtenzug 2010* bietet uns eine unerwartete Chance, die Bedeutung von Beweidungspraktiken durch das Treiben über lange Distanzen wissenschaftlich zu untersuchen. Warum sind bestimmte Pflanzenarten häufig oder selten oder gefährdet? Sie haben sich nur durch ganz bestimmte Landnutzungsformen in unserer Kulturlandschaft ausbreiten können. Der Wind war wahrscheinlich viel weniger am Transport von Samen beteiligt als wandernde Tiere. Aber die verschiedenen Ausbreitungsmöglichkeiten nehmen bedingt durch den Landnutzungswandel drastisch ab – und damit auch die pflanzliche Vielfalt.[ii] Leonie Schaefer kennzeichnet einzelne Schafe, um jeden Abend die unterwegs von ihnen aufgesammelten Samen zu dokumentieren und zu zählen."[iii]

In Co-Evolution zwischen Organismen entstanden hochkomplexe und biodiverse Ökosysteme: Pflanzen, die mit weidenden Wildtieren an fremde Orte gelangten, passten sich nach und nach an die Landschaften an, deren Bestandteil sie geworden waren. So verbesserten sich die Überlebenschancen von Pflanzen: Die Evolution integrierte Weidetiere in deren Lebenszyklen.[iv] Schafe wurden bereits am Ende des 9. Jahrtausends domestiziert und sind zusammen mit Ziegen die ältesten Wirtschaftstiere des Menschen.[v] Weltweit tragen Hirten mit der Wanderschafhaltung seit ein paar Tausend Jahren zur Entstehung und Verbreitung der Vielfalt von Pflanzen und Kleinstlebewesen bei.

Inzwischen zerstört die industrielle Landwirtschaft seit Jahrzehnten Lebensräume, und insbesondere der Straßenbau kappt die einst durchgängig passierbaren Korridore. Beide Entwicklungen bedrohen die Artenvielfalt, eine Tendenz, die der Klimawandel heute verschärft.[1] Ökosysteme verlieren mit der Pflanzenvielfalt aber auch ihre Pufferkapazität gegenüber Störungseinflüssen aus der Umwelt.

Evolutionsbiologen halten auch in den zerschnittenen Landschaften Europas künftig für eine große Zahl klimabedingt vom Aussterben bedrohter Pflanzen die Möglichkeit zum Standortwechsel durch Migration für überlebenswichtig.[vi] Sie ermöglicht *genetische Kommunikation* mit anderen zuvor unerreichbaren Pflanzengesellschaften und kann durch Kreuzungen die Anpassungsfähigkeit an Veränderungen der Umwelt erhöhen. Aber Forschungsgelder für die Öko-Schafe fließen nur spärlich. Jedenfalls im Vergleich zur Entwicklung von Gen- und Klon-Schafen wie *Dolly*, die seit einem Vierteljahrhundert mit millionenschweren Projekten gefördert werden.[vii]

Leonie Schaefer, die sich für die Zukunft der Wanderschäferei engagiert, ist Vegetarierin: „Das ist für mich kein Widerspruch. Wir brauchen die Schafe – vor allem als *Samentaxi* und für ihren Dung."

Aber am Brandenburger Tor werden alle Hinterlassenschaften penibel aufgesammelt, denn die große Zielgruppe für den *Hirtenzug 2010* sind die europäischen Verbraucher. Deshalb sollen die Berliner nicht schon beim Start durch vermeintlichen Schmutz – die kleinen Kotkügelchen – verschreckt werden, noch ehe sie für das eigentliche Anliegen gewonnen worden sind. „Sie können das einfach alles unterstützen", lautet die eindeutige Botschaft: „Genießen Sie Lammfleisch und Schafskäse – am besten aus Ihrer Region." Was am 5. Juni in Berlin so planmäßig begonnen hat, macht den 30 Schäferinnen und Schäfern Mut, denn sie brauchen Unterstützung, wenn sie im Herbst der kleinen, aber nicht minder wichtigen Zielgruppe der EU-Politiker in Brüssel ihre Probleme und Forderungen vortragen.

[1] Versicherungen und Rückversicherungen melden, dass in Deutschland in den letzten Jahren im Mittel dreimal so viele schadensrelevante Naturereignisse auftraten wie noch vor 30 Jahren. Vgl. Regionales Informationszentrum der Vereinten Nationen für Westeuropa (UNRIC).

Historisch bewährt

Jahrhunderte lang wanderten Schäfer mit ihren Herden zwischen Sommer- und Winterweiden – zwischen Bergen und Niederungen. In ihrem Buch *Arkadien – Mythos und Wirklichkeit* gibt die Archäologin Barbro Santillo-Frizell Einblicke in die ökologischen und sozioökonomischen Entwicklungen der pastoralen Lebenswelt. Die Tradition des Triebs großer Schafherden erreichte wirtschaftlich und politisch nirgendwo einen so hohen Grad an Organisation und Einfluss wie in Spanien.

Dort organisierten sich die kastilischen Schafzüchter schon 1273 in einer den Gilden und Zünften vergleichbaren Organisation. Nach Krieg, Pest und Vertreibung waren große Gebiete Südspaniens nur noch schwach besiedelt, so dass Menschen zur Bearbeitung des Bodens fehlten. Als Eigentümer großer Ländereien sahen vor allem Kirche und Hochadel in der Nutzung des Landes durch *Transhumanz* – die saisonale Wanderweidewirtschaft – große Gewinnmöglichkeiten.[2]

Mit dem Merinoschaf war es den Spaniern bis zum Ende des Mittelalters gelungen, eine vollends weißwollige Rasse zu züchten, deren Wolle sich besonders ebenmäßig und leicht verspinnen ließ. Auf der Wolle der Schafe, deren Zahl im Laufe des 15. Jahrhunderts auf nahezu drei Millionen verdreifacht wurde, beruhte lange Zeit Kastiliens Wirtschaftsmacht. So finanzierte Königin Isabella von Kastilien einen wesentlichen Teil der Kosten für die Schiffsreisen des Christoph Columbus.

Im 18. Jahrhundert züchteten Engländer durch die Kreuzung von Merinos mit eigenen Rassen noch höhere Wollqualitäten, wodurch die Textilproduktion zum Reichtum des britischen Imperiums beitrug. Heute stammt die wenige noch in Spanien und Italien verarbeitete Wolle vorrangig von Merinos aus Australien und Neuseeland.

Im Vergleich zur exzellenten Wollqualität der spanischen Merinoschafe war die der Rassen auf der Apenninhalbinsel nur mittelmäßig. Aber die Schafhaltung hatte auch in Italien große Bedeutung. So wurden die Abruzzen und der Apennin im Sommer beweidet und im Winter die vielen Salzwiesen an den Küsten, wo die Tiere einen erheblichen Teil ihres Salzbedarfs deckten.

Im 14. und 15. Jahrhundert gerieten die politische Macht und die Ressourcen Italiens zunehmend unter den Einfluss der Spanier, die das Netz

[2] Vgl. S. 85ff. *Hirtenvölker – Warum heißt der gute Hirte eigentlich Pastor?*

der Triftwege systematisierten und auch Merinoschafe einführten. Insgesamt belaufen sich die Hauptstraßen des ausgedehnten Wegesystems auf circa 300 Kilometer und genießen heute als Naturdenkmäler gesetzlichen Status. Ihre Breite war auf 111 Meter (60 neapolitanische Schritte) festgelegt.

Die in Italien weitläufig organisierte Transhumanz dokumentiert auch ein mittelalterliches Mosaik in der Kirche *San Clemente* in Rom. In den Salinen der Tibermündung bei Ostia, aber auch direkt aus dem Meer wurde Salz gewonnen, welches für die wirtschaftliche Entwicklung Roms entscheidend war – als lebenswichtige Nahrungsergänzung: Schafe benötigen mehr Salz als Menschen und Rinder sogar bis zu zehnmal so viel. Unverzichtbar war Salz aber auch zum Haltbarmachen von Lebensmitteln sowie zum Gerben und Färben.[3]

Noch in den 1950er Jahren trieben Hirten ihre Schafe auf dem Weg zu den Winterweiden mitten durch Rom. Neben der Woll- und Käseproduktion (Pecorino) lag ihr Wert in der Bodenverbesserung mit ihrem Dung – nicht nur auf dem Weideland: Für den Ackerbau rotierten Schafe über die Felder zur Nachlese nach der Ernte, um die Bodenfruchtbarkeit zu erhöhen – zum Beispiel auf Stoppelweiden.

Wanderschäferei in Deutschland

Auch im deutschsprachigen Raum spielte die Wanderschafhaltung eine große Rolle.[viii] Die Routen waren aber nicht so lang; denn die Schäfer trieben ihre Tiere überwiegend innerhalb einer Region und weniger auf langen Verbindungswegen zwischen Tal- und Bergregionen. Das hiesige Klima lässt auch im Flachland nicht rund ums Jahr genug Pflanzenwachstum zu, deshalb werden die Schafe im Winter eingestallt.

Im Vergleich zu Kuhfladen sind Schafsköttel viel kleiner und können durch die Klauen leicht(er) in den Boden eingetreten werden. Im Mittelalter bildete die Schafhaltung einen Bestandteil der Dreifelderwirtschaft.[ix] Noch in den 1960er Jahren war die Wanderschäferei auch in Deutschland verbreitet. Der Verfall der Wollpreise und mehr noch die

[3] Der Name der 1472 gegründeten ältesten Bank der Welt, *Monte dei Paschi di Siena* verweist auf einen Zusammenhang mit Schafen – die Schafweiden im Raum Siena. Heute ist sie gemessen an ihrem Börsenwert die fünfgrößte Bank Italiens.

Einführung des synthetischen Stickstoffdüngers verdrängten sie in Deutschland West. Denn viele erachteten sie nun als überflüssig für die Bodenfruchtbarkeit.

Schäfermeister Günther Czerkus studierte bis 1979 Pädagogik. Dann zogen er und seine Frau in die Eifel und kauften ihre ersten beiden Schafe. 1986 legte er nach der Umschulung zum Tierwirt die Gesellen- und 2002 die Meisterprüfung ab. Heute ist Günther Czerkus Sprecher der Berufsschäfer in der Vereinigung Deutscher Landesschafzuchtverbände (VDL): „Damals brachten die Bauern hier kaum Dünger auf die Felder. Die Gegend war arm, erst 1953 kam der erste Traktor ins Dorf. Es gab selten eingezäunte Weiden, das Vieh wurde hauptsächlich gehütet. Abends kamen die Schafe in einen Pferch aus Holzhürden. Der Schäfer stand oft mitten in der Nacht noch einmal auf und setzte den Pferch um, damit der Acker Stückchen für Stückchen gleichmäßig gedüngt wurde. Das reichte dann fürs ganze Jahr. Dennoch hielt sich die Achtung in Grenzen: Der Schäfer und sein Hund bekamen dafür Essen und Quartier vom Bauern."

Dann verdrängten durch Mineraldünger schnellwachsende Grassorten die standortangepassten Gräser. Das brachte anfangs durch Ertragssteigerungen ein wenig Sicherheit, führte aber zwangsläufig zu fallenden Preisen und zum Strukturwandel: „Keine zwanzig Jahre später reichte die Störung des ökologischen Gleichgewichts so weit, dass sogar das Bodenleben unter dem Dauergrünland kaputtgedüngt war."

Selbst in Wasserschutzgebieten wurde Mineraldünger eingesetzt: „Das habe ich 1987 umgehend eingestellt, als ich Grünland in geschützten Gebieten übernahm. Daraufhin brachen die Wiesen innerhalb eines Jahres völlig in sich zusammen: Denn auf den armen Böden konnten sich die vermeintlich leistungsstarken Gräser ohne immer höhere Düngung nicht halten. Nach und nach siedelten sich dann wieder als *minderwertig* geltende aber standortangepasste Gräser an. Nach etwa fünf Jahren konnte man wieder von einer Weide sprechen. Aber erst nach weiteren fünf Jahren war das Bodenleben wieder so stabil, dass die Grasnarbe auch einen trockenen Sommer einigermaßen schadlos übersteht."

Der Niedergang war so offensichtlich, dass mit staatlichen Programmen zur Extensivierung gegengesteuert wurde: „1986 ging's richtig los. Die gute Nachricht: Heute ist die Wanderschäferei fest im Vertragsnaturschutz etabliert, die schlechte: Die Bürokratie macht uns inzwischen das Leben so schwer, dass die mobile Tierhaltung teilweise unmöglich wird.

Wir müssen in der Bevölkerung Verbündete für unseren Kampf gegen die Bürokratie und für die Wanderschäferei gewinnen."

Verbündete für den Kampf gegen die Bürokratie

Das gilt auch für die spanischen Wanderschäfer. Alljährlich feiern sie im Herbst in Madrid mit rund 1.500 Schafen die *Fiesta de la Trashumancia*, um für ihren Beruf zu demonstrieren. Einige spanische Triftwege sind bis zu 800 Kilometer und alle zusammen etwa 125.000 Kilometer lang. Ihre Gesamtfläche beträgt mit circa 450.000 Hektar ungefähr ein Prozent der spanischen Landfläche. Aufgrund ihrer ökologischen Bedeutung wurden die alten Schutzgesetze für die Triftwege 1995 in spanisches Recht aufgenommen.

„Davon sind wir in Deutschland noch weit entfernt. Grundsätzlich haben Hirten aber auf der ganzen Welt mit ähnlichen Problemen zu kämpfen." Günter Czerkus und die 250 organisierten Berufsschäfer wollen klare Vorgaben. Seine Forderung ist so pragmatisch wie visionär und könnte die EU revolutionieren: „Statt immer mehr Vorschriften und Ausnahmeregelungen wäre auch hier weniger oft mehr. Es gibt kaum etwas, wofür zehn Regeln nicht reichen. Wird eine neue unvermeidbar, müsste künftig dafür eine gestrichen werden."

Hecken, Bäume und Feldgehölze werden heute für die sogenannte *Direktzahlung* von der landwirtschaftlichen Fläche abgezogen. Das klingt zwar logisch, weil sie ja nicht beackert werden können, führte aber vielerorts zu ihrer Beseitigung. Durch Schaden klug geworden, addiert man diese wertvollen Landschaftselemente inzwischen der *förderfähigen Fläche* wieder hinzu: „Dieses Hü und Hot verursacht einen riesigen Verwaltungsaufwand. Teuer und vor allem unüberschaubar – mit einem für die Bewirtschafter nicht mehr kalkulierbaren Kontrollrisiko: Existenzbedrohende Gerichtsprozesse werden unvermeidbar. Die Lösung: Flächen mit wertvollen ökologischen Landschaftselementen als Gesamtfläche fördern und nicht erst etwas raus- und dann wieder reinrechnen. Selbst wenn dadurch hier und da ein paar Quadratmeter zuviel gefördert würden, spart der Steuerzahler große Summen für die Verwaltung. Und die Landwirte und Schäfer, die von diesen Flächen leben, können wieder ruhig schlafen."

Damit sich etwas ändert, brauchen die Schäfer Unterstützung durch die Konsumenten. Viele finden Schafe sympathisch, mögen das schmackhafte Fleisch und die rustikalen Wollpullover: „Aber wir wollen vermitteln, was Schafe und ihre Hirten durch die Beweidung noch alles leisten. Denn für die Einkommenssicherung der Schäfereien ist es überlebenswichtig, dass dies immer mehr Konsumenten verstehen und mit dem Kauf von einheimischem Lammfleisch honorieren, statt sich für Billigimporte aus Neuseeland zu entscheiden. Im Durchschnitt isst jeder Deutsche etwa 400 Gramm pro Jahr. Nicht einmal die Hälfte stammt von deutschen Weiden." Auch die Schäfer sind im Web-Zeitalter angekommen; ihr Hinweis auf dem Flyer lautet schlicht *Hirtenzug.eu*. Dort wollen künftig noch mehr Direktvermarkter ihre Produkte listen.

Gerade weil die Schäfer massiv unter der Industrialisierung der Landwirtschaft leiden, werben sie für einen differenzierten Blick auf die Agrarpolitik nach dem Motto: „Es ist ja schließlich Ihr Geld, das da verteilt wird. Wenn Sie das nächste Mal etwas von Agrarförderung hören, denken Sie bitte daran, was Schafe und Schäfer alles für Sie leisten." Die meisten Agrarsubventionen aus Brüssel sind daran gebunden, wie viel Hektar ein Betrieb besitzt. Wanderschäfer verfügen oft nur über wenig eigene Flächen und fallen so durch das Raster der *Direktzahlungen*. Somit bevorteilt die EU-Agrarförderung Betriebe allein wegen ihrer Größe, ohne dass sie dafür der Gemeinschaft, die sie finanziert, irgendeinen Nutzen erbringen müssen. Nur ein Drittel der Mittel steht für ökologische Leistungen, die als förderungswürdig gewertet werden, zur Verfügung. Sie stellen aber das Standbein der Wanderschäfer dar.[x]

Da gilt es, viel, viel zu erklären. „Was soll das denn hier", ist die häufigste Frage, die die verblüfften Passanten in Berlin an die Schäfer richten – oft gefolgt von wirklichem Interesse: „Werden die auch gemolken?" „Nein, die Milch ist nur für die Lämmer." „Aber wenigstens die Wolle wird genutzt?!" „Nein, das bringt nicht mal die Scherkosten rein." Wer dann noch weiterfragt, erfährt von Günther Czerkus viel über die Dienstleistungen der Wanderschäferei. „Samentaxi, das ist den wenigsten ein Begriff, aber die meisten verstehen die Erklärung sofort. Und tatsächlich ist nachhaltig beweidetes Grünland *die* Antwort auf ganz viele Fragen und Probleme." Die nächsten Fragen stellt und beantwortet er dann gleich selbst: „Wer ist der beste Schadstofffilter für unser Trinkwasser? Wer verhindert Bodenerosion durch Wind und Wasser? Wer fördert die Speicherung von CO_2 in Zeiten des Klimawandels und durch die

Humuszubildung gleichzeitig die Bodenfruchtbarkeit? Und wer produziert auch dann noch Sauerstoff, wenn im Winter die Bäume keine Blätter mehr haben? – unser artenreiches Grünland!“

Günther Czerkus: „Aber wer die Ökologie nicht im Blick hat, kann auch viel falsch machen. Manchmal liegt nur ein schmaler Grat zwischen den großen ökologischen Potenzialen nachhaltiger Beweidung einerseits und der Unter- oder Überweidung andererseits. Insbesondere Ziegen gelten ja als zerstörerisch. Ob Schaf, Ziege oder Rind, entscheidend ist aber immer das Weidemanagement – also der Mensch. Dazu gehört auch viel Erfahrung. Es gibt ja gute Gründe dafür, dass *Schäfer* ein Ausbildungsberuf ist wie *Landwirt*. Es gibt genügend historische Beispiele für schlechtes Weidemanagement.“

Beim Start des Hirtenzuges in Berlin erhalten die Schäfer meistens spontanen Zuspruch. Aber beschönigen will Günther Czerkus nicht: „Wir können junge Menschen für den Schäferberuf begeistern. Wir bekommen immer Anfragen nach Ausbildungsplätzen. Die Frage ist, ob die künftig davon leben können.“ Viele Schäfer haben ihre Konsequenzen gezogen, wie die offizielle Statistik über die amtliche Viehzählung offenbart: Sie verzeichnet für alle Bundesländer einen Rückgang bei der Schafhaltung.[xi] Zum Beispiel sind die Schafbestände in Niedersachsen innerhalb eines Jahres um 5,7 Prozent auf 235.770 und die Schafe haltenden Betriebe um zwölf Prozent auf 2.718 gesunken.[xii]

Zweieinhalb Wochen nach dem Projektstart von *Hirtenzug 2010* in Berlin überquert Heike Griem als mittlerweile elfte der Staffel mit circa 800 Schafen und ihren beiden altdeutschen Schäferhunden die Elbbrücke bei Lauenburg. Weil die 40-jährige Schäferin von einem Bauernhof stammt, kann sie direkt vergleichen: „Das Übermaß an Bürokratie raubt Landwirten und Schäfern gleichermaßen Zeit. Die Einzeltierkennzeichnung trifft uns Wanderschäfer besonders hart, weil wir nun mal nicht mit unserem Büro unterwegs sind ...“

Eine Einzeltierkennzeichnung für Schafe, das fordern nicht einmal die Verbraucherverbände. Für jedes Tier müssten mehrere DIN-A-4-Seiten ausgefüllt werden – einige tausend Formulare schon für Herden mit 300 bis 400 Schafen. Die Schäfer wollen zurück zur Bestandskennzeichnung. Heike Griem: „Wir müssen jetzt für unser Anliegen quasi Reklame laufen, damit wir von der Bevölkerung besser wahrgenommen werden. Wir bieten mit unserem Hirtenzug eine ausgezeichnete Gelegenheit zum praxisnahen Ökologieunterricht. Klimawandel und Hochwasser sind zwei

Stichworte für unsere Arbeit. Allein in Schleswig-Holstein beweiden 70 Prozent der Schafherden die Deiche für den Küstenschutz."[xiii]

In Zeiten so genannter *Biosicherheit*, in denen Hygieneschleusen gegen vermeintliche Pandemien den Alltag von Menschen bestimmen, die in der Landwirtschaft mit Tieren umgehen, muten die wandernden Schäfer mit ihren Herden fast anachronistisch an. Dabei lohnt sich vernünftiges Weidemanagement auch für die Tiergesundheit. So droht vielen Parasiten das *Aus*: Wenn ihre Wirte längere Zeit nicht mehr vor Ort sind, werden ihre Entwicklungszyklen unterbrochen.

Für viele ist Schaf gleich Schaf.[xiv] Aber es gibt große rassespezifische Unterschiede – nicht nur im Geschmack des Fleisches. Je nach Region spielen neben der Genügsamkeit unterschiedliche Fähigkeiten eine Rolle, die sich letztlich auch auf die biologische Vielfalt auswirken: Marschfähigkeit für lange Strecken, Hitze- und/oder Kältetauglichkeit, Trittfestigkeit im Gebirge oder besonders für feuchte Gebiete geeignete Vliese und Klauen, sind wichtig für die jeweiligen klimatischen und geographischen Gegebenheiten.[xv]

Auch rassetypisches Temperament hat sich herausgebildet: Für die Arbeit am Deich sind ruhige Tiere wie die *Texel-Schafe* selektiert worden. Sie verteilen sich gleichmäßig und stehen dann wie angepflockt. Heid- und Moorsschnucken sind unruhiger und bewegen sich viel. Ihre spezielle Futterselektion drückt sich schon im Namen aus: Der Anteil an nicht grasartigen Pflanzen in ihrer Nahrung ist besonders hoch.

Kaum bekannt ist in der Bevölkerung der *Goldene Tritt* – weniger erlesen auch *Trippelwalze* genannt. Damit betonen die Schäfer die ökologische Bedeutung der Bodenbearbeitung durch die kleinen Schafsklauen. Sie bewirken zunächst eine minimale Verdichtung der Bodenoberfläche. Sie ist in den obersten zwei Zentimetern wie gewalzt, der sogenannte *Bodenschluss*, darunter bleibt er aber locker. So können sich die feinen Wurzeln der Gräser und Kräuter besser entwickeln.

Angepasstes Beweidungsmanagement regt die Pflanzen durch den Verbiss dazu an, neue Triebe aus der Wurzel zu schieben. Dadurch wird die Grasnarbe dichter. Auch Imker wissen zu schätzen, wenn durch das bessere Wachstum auch mehr Pflanzen blühen.[xvi] Ist die Wiese abgeweidet, hinterlassen die Schafe ihren Mist den Kleinstlebewesen und Mikroorganismen auf und im Boden, die mit dem organischen Dünger das anzufangen wissen, was der Boden für seine Fruchtbarkeit braucht.

Kapitel 12

„Zum Frühstück gab's immer frische Milch."

„Sie kommen aus dem Tal, aus der Stadt, aus dem Ausland und bringen mit ihrer Kultur quasi von außen auch einen anderen Blick mit. Viele woll(t)en die Welt verändern und sind dann bei der Kuh gelandet." Martin Bienerth war auch so ein *Nomade der Moderne*, als er vor fast 30 Jahren zum ersten Mal nach Graubünden kam, um auf über 2.000 Meter Höhe seinen ersten Sommer als Älpler zu verbringen.

Die wichtigste Veränderung für die Alpwirtschaft in der Schweiz liegt für ihn darin, dass seit einigen Jahrzehnten auch ganz andere Menschen als zuvor für eine oder mehrere Weideperioden dort arbeiten und – als Aufsteiger, Einsteiger, Aussteiger – jahrhundertealte Gewohnheiten und auch Werte hinterfragen: „Warum ist das so? Geht das nicht auch anders?" Die Tradition der eingeborenen Älpler zeigt Brüche, seit nicht mehr automatisch Familienmitglieder selbst *z'Alp* gehen. Zwar haben sich schon vor über 100 Jahren Bauern in Alpgenossenschaften zusammen geschlossen und ihre Tiere für die Alpzeit in die Obhut von Fremden gegeben. Aber seit den 1970er Jahren sind es auch Städter sowie Menschen, die weder aus der Region noch von Bauernhöfen stammen.

In welche Richtung eine Herde im Gelände wandert, bestimmen der Hirte und die Leitkuh. Was eine Kuh frisst, wenn sie die Wahl hat, hängt – vor allem, aber nicht nur – vom gesamten tagesaktuellen Futterangebot ab. Je vielfältiger die Weide, desto wichtiger ist, ob die Kuh das Gelände bereits kennt. Ihr Rang innerhalb der Herde entscheidet darüber, wann sie wohin kommt und wer dort zuvor schon geweidet hat. Viel spricht dafür, die individuell getroffene Wahl als eine Synthese aus Geschmack und Bedarf zu verstehen, denn ernährungsphysiologisch betrachtet bedeutet jeder weitere Bissen eine Ergänzung zu dem bereits Gefressenen.

Zwischen verschiedenen Arten wie Rind, Ziege, Schaf und Pferd sowie zwischen verschiedenen Rassen wie Braunvieh und Galloways und sogar auch zwischen verschiedenen Individuen einer Rinderrasse kann es selbst bei Gleichaltrigen deutliche Unterschiede in der Auswahl der Kräuter geben. Martin Bienerth: „Es gibt Tiere, die meiden bestimmte Kräuter, die von anderen täglich gefressen werden – zum Beispiel verholzte Stängel des Gelben Enzians oder Alpenampfer und sogar Weißer Germer.“ Diese optisch dem Gelben Enzian ähnliche, auch *Nieswurz* genannte Pflanze enthält giftige Alkaloide, deren Gehalt aber mit steigender Höhe des Standortes abnimmt: auf 700 Meter rund 1,5 Prozent, auf 2.500 Meter nur noch rund 0,2 Prozent. Somit ist zum Verständnis der Futterwirkung wichtig, dass nicht nur *die Dosis das Gift macht*, sondern auch die Zusammensetzung des Futters über seine Bekömmlichkeit entscheidet.

Martin Bienerth zitiert: „Die Alpenkräuter, denen (...) reicherer (Milch-)Ertrag nach allgemein übereinstimmendem Urtheil der Hirten zugeschrieben wird, sind die Muttern, das Adelgras, das Goldblümchen (Leonthodon aureum) und dann der Thaumantel.“ Früher wurde die Güte der Weiden danach beurteilt, wie häufig Muttern vorkamen. „Dieses Kraut isst das Vieh gar gern und gebe es gar gute Milch davon.“[i] In zahlreichen Alpensagen und Almsegensprüchen kommt es als *Alpen-Mutterwurz, Mutteli, Mutterklee, Müettenwurz* oder *Mutterkraut* vor. Aus Sicht der Tiere ebenso wie der Bergbewohner ist der Name Programm: Muttern (*Ligusticum mutellina*) zählen zu den bekanntesten und besten Futterpflanzen der Alpen und wachsen bis in Höhen von 3.000 Meter.

Wenn die Weiden kurz nach dem Alpaufzug in voller Pracht stehen, bieten sie den Kühen ein Potpourri aus Gräsern, Kräutern und Blüten. Dann fließt viel Milch – vor allem für das *Alpengold*, denn zu Beginn der Alpzeit wird sehr viel Butter hergestellt. Das Butterfett vereint als Geschmacksträger die Aromen der verschiedenen Blütenpflanzen. Früher war auch im Tal und im Flachland der besondere Geschmack von den Weiden im Frühjahr bekannt – als *Maibutter*. Aber Weiden und Wiesen, die zunehmend mit synthetischen Stickstoffverbindungen gedüngt oder gegüllt werden, verlieren mit der biologischen Vielfalt auch den Geschmack. Viele kreative Bauern haben inzwischen für sich wieder Möglichkeiten gefunden, die Alpbutter – speziell die aus dem späten Frühjahr und frühen Sommer – nicht an Weiterverarbeiter zu verkaufen, sondern selbst direkt zu vermarkten.

Für Martin Bienerth ist ein Stück gereifter Alpkäse von Bergweiden, aus deren Pflanzenvielfalt die Kühe einen Sommer lang wählen konnten, „ein Spiegelbild aus Landschaft, Futter und Tieren: gereifte Sommerenergie pur. Davon liegt aber inzwischen ungehörig viel brach – ungenutzte Qualität und Quantität: Die Natur holt sich diese Räume wieder zurück; Kulturland wird wieder Naturland – mit einer geringeren Artenvielfalt. Ganz oben bin ich oft auf uralte verwachsene Kuh-Wege gestoßen, die beweisen, dass dort früher nichts vergeudet, sondern alles beweidet wurde. Und wo es für die Kühe zu gefährlich war, da grasten Schafe oder Ziegen, die haben sich gegenseitig mit ihrem Weideverhalten ergänzt – zusammen mit Gämsen und Steinböcken."

Auch auf den Alpen entsteht beim Melken und nachts im Stall Gülle. Sie kann genutzt werden, um Weiden neu zu erschließen: Wenn zum Beispiel auf Alpenrosen, Gebüsch oder holzige Gewächse gegüllt wird, wachsen dort im nächsten Jahr mehr Gräser und Kräuter. Dadurch werden wieder vermehrt Tiere auf diese Flächen gelockt, die durch erwünschtes Heruntertrampeln die unerwünschte Verbuschung zurückdrängen können. Diese Aufgabe haben früher Ziegen übernommen, mit denen seit hundert Jahren immer weniger geweidet wird.

Wichtig ist nicht nur der Futterwert einzelner Pflanzen, sondern das Zusammenspiel verschiedener Pflanzen im Wechsel der Jahreszeiten. Es gibt in der Schweiz Weiden zwischen 2.000 und 3.000 Meter Höhe, die so gehaltvoll sind, dass die Kühe Leistungen von über 1.000 Liter Milch pro Monat erbringen – nicht als Ausnahme, sondern als Regel. „Wir müssen das Wissen darüber wiederentdecken, erhalten und fortschreiben. Vielleicht können wir mit der Wissenschaft des 21. Jahrhunderts sogar irgendwann die Wirkmechanismen verstehen."

In seinem 2010 erschienenen Kochbuch *Alpechuchi* beschreibt Martin Bienerth auch seine in 20 Älplerjahren gesammelten Erfahrungen mit seinem Lieblingshaustier: „Eigentlich ganz einfach. Kühe brauchen Futter, Wasser, Salz sowie genügend Zeit und Platz zum Ruhen. Aber wenn beispielsweise 100 Kühe von 18 verschiedenen Höfen mit 18 verschiedenen Leitkühen nach dem Auftrieb auf einer Alp zusammentreffen, müssen erst mal 18 kleine Herden eine neue Gesamtherde bilden." Meist beginnen die Auseinandersetzungen nach ein bis zwei Tagen. Dabei geht es überwiegend darum, wer Leitkuh wird. Für Außenstehende oft nicht erkennbar entscheiden häufig innere Kämpfe – vor allem durch die Körpersprache – über den künftigen Rang.

Dem Hirten obliegt es, oberstes Leittier zu werden. Neben der Kenntnis der Futtergüte und der Gegend zählen zu seinen Leistungen und Pflichten insbesondere Erfahrung sowie die Wahrnehmung des Verhaltens der Kühe. In Anbetracht rutschiger Hänge erweist sich das nicht selten als überlebenswichtig. Auf größeren Alpen ist es üblich, ganztags mit den Tieren unterwegs zu sein. So müssen sie von zu steilen Stellen ferngehalten und bei aufziehenden Unwettern rechtzeitig in Sicherheit gebracht werden. Es bedarf viel innerer Ruhe und Übersicht, zum Beispiel, wenn sich ein Tier versteigt. Häufig ist dann vermeintliches Nichtstun und tatsächliches Ruhebewahren weit mehr wert, als vorschnelles Handeln. Gerade wenn es brenzlig wird, dürfen die Tiere nicht noch zusätzlich verunsichert werden.

Martin Bienerth kannte Kühe nur von Ferne auf den Weiden im Allgäu, als er sich mit 20 Lebensjahren zum ersten Mal für einen Alpsommer entschied. 80 Kühe erwarteten ihn auf der Alp *Prada*: „Schon nach kurzer Zeit drückte mir eine Kuh beim Einstallen eine Rippe ein. Ebenfalls im Stall holte ich mir im Folgejahr eine angeknackste Rippe, und natürlich ist es kein Zufall, dass eine weitere Rippe ein Jahr darauf wiederum im Stall dran glauben musste – diesmal ein kompletter Bruch. Je enger es wird, desto wichtiger ist es, die Tiere zu verstehen. Erst durch langes Beobachten nahm ich die Eigenheiten einzelner Kühe und ihre Gewohnheiten als Herde wirklich wahr. So wie auch ich erst als Erwachsener gelernt habe, mit ihnen umzugehen, kann das eigentlich jede und jeder. Aber dazu muss man sich auf sie einlassen, das Wesen der Kühe zu ergründen braucht Lust, Liebe und viel, viel Zeit."

Die verbringt Martin Bienerth heute mit dem Käse ... Denn nach 20 Alpsommern hat der Agronom aus dem Allgäu mit seiner Frau, der Agronomin und Käsemeisterin Maria Meyer, eine kleine verwaiste Käserei in Graubünden übernommen. Sie liegt zwar aus Alpensicht im Tal, ist aber eine Bergkäserei, da das Örtchen Andeer auf fast 1.000 Höhenmeter liegt. Dort verbringt der ehemalige Hirte seitdem mindestens 12 Stunden täglich als Käseverkäufer und -pfleger. Die Sennerei war von einer Milchgenossenschaft gegründet worden. Eine Milchtabelle aus dem 19. Jahrhundert dokumentiert für Andeer 57 Milchlieferanten – mit jeweils ein bis drei Kühen. 1993 erfolgte die Umstellung der Sennerei auf Bio. Als der vorherige Käser im Jahr 2000 aufhörte und sich nicht unmittelbar Ersatz fand, haben die Bauern der Genossenschaft nicht sogleich aufgegeben. Über ein Jahr lieferten sie ihre Milch an einen Sammel-

LKW ab. Der brachte die Bergmilch ins *Unterland*, wo ihre Herkunft bei der Verarbeitung mit anderen *Milchen*[1] quasi anonymisiert wurde. Letztlich konnte die Genossenschaft das Paar als Käufer der Milch zum Verkäsen gewinnen, obwohl die Sennerei als so winzig galt, dass ihre dauerhafte Überlebenschance vielen fraglich schien.

Gut acht Jahre später empfangen begeisterte Schweizer am Flughafen Zürich mit lautem Kuhglockengeläut und Alphörnern das neue Käseweltmeisterpaar Maria Meyer und Martin Bienerth: Ihr Biokäse *Andeerer Traum* war auf der Käseweltmeisterschaft 2010 in Madison, USA, unter mehr als 2.300 Käsen zum zweitbesten Käse der Welt und zum Weltmeister in der Kategorie der *geschmierten Hartkäse* gekürt worden. Der *Andeerer Traum* ist ein Rohmilchkäse, dessen rund fünf Kilo schweren Laibe aus Biobergmilch mindestens sechs Monate gereift sind.[ii] Die Weltmeisterschaft ist zwar die bisher höchste aber nicht die erste Auszeichnung für den *Andeerer Traum*. Bereits beim Schweizer Wettbewerb der Regionalprodukte 2007 und im selben Jahr bei der Bergkäse-Olympiade im Allgäu errang er Medaillen.

Andeer ist anders, betitelte Bertram Verhaag 2005 seinen Film, denn eigentlich dürfte es die kleine Sennerei gar nicht geben[iii]: Fünf Milchbauern liefern jährlich rund 400.000 Liter Milch, eine Menge, die in Deutschland für das Überleben eines einzelnen landwirtschaftlichen Betriebes kalkuliert wird. Für Maria Meyer liegt aber gerade in den kleinbetrieblichen übersichtlichen Strukturen ein Garant für gleichbleibend hohe Qualität: „Die Bauern bringen uns zweimal pro Tag ihre Milch, so dass wir immer frische Produkte anbieten und täglich käsen können. Die 3.500 Käselaibe im Keller pflegen hauptsächlich Martin und auch Angestellte – so lange, bis die Aromen ihre Höhepunkte erreicht haben. Genauso wichtig wie die Produktqualität ist uns ihre ökologische und soziale Basis – die Böden mit ihren Bergweiden und die Menschen, die das Futter mit ihren Rindern nutzen. „Mittlerweile zahlen wir vier Betrieben den *Hörnerrappen* pro Liter Milch behornter Kühe aus." Martin hat bereits weitere Visionen: „Wir könnten kraftfutterfreie Milch und die betriebseigene Bullenhaltung ebenfalls über einen höheren Milchpreis fördern. Unsere Devise lautet: Nicht verbieten, sondern belohnen."

[1] Martin Bienerth empfindet bei Milch verschiedener Herkunft so große Unterschiede, dass er den Plural *Milchen* wichtig findet.

Entscheidend ist, dass die Erlöse allen Beteiligten vor Ort zu Gute kommen. In Andeer erwirtschaften die Familien der fünf Milchviehbetriebe damit einen großen Teil ihrer Einnahmen, und die Sennerei kann davon auf Dauer neben den beiden Betriebsleitern drei weitere Arbeitsplätze finanzieren. „Ein Bioladen auf dem Land? Das geht nicht", erinnert sich Martin Bienerth an skeptische Stimmen, als er und seine Frau 2003 auch den Dorfladen komplett auf Bio umstellten. *Lokale Wertschöpfung* lautet der Fachjargon für die Früchte der Zusammenarbeit zwischen den Dorfsennern und den Biomilchproduzenten. Die nehmen deshalb auch im Sommer 2010 nur 80 ihrer hundert Kühe mit auf die Alp, damit im Bergtal genügend Milch für die Sennerei bleibt, um Stammkunden und Touristen täglich frische Milchprodukte im Laden anzubieten.[2]

In *Andeer ist anders* kommen auch Qualitätsvermarkter zu Wort, die anfangs ebenfalls skeptisch waren, nun aber in der *Glaubwürdigkeit* der Andeerer Regionalprodukte den Garant für die erfolgreiche *Kundenbindung* sehen: „Die Bio-Käse aus Andeer sind zu über 80 Prozent aus Rohmilch gemacht. Der ist nicht nur vor Ort und in der Region gefragt, sondern lässt sich auch anderenorts hochpreisig verkaufen. Zur Geschichte dieses Käses gehört auch, dass er wirklich von einer Frau gemacht wird. Das gibt es bisher nur auf der Alp, aber nicht bei größeren professionellen Mengen."

Unter dem im heutigen Agrarindustriezeitalter provokanten Motto *Erhalten statt wachsen* überzeugte die *Milchgenossenschaft und Sennerei Andeer* bereits 2005 die Jury des *Agropreises*, den der Schweizer Bauernverband jährlich als Innovationspreis vergibt. Der Jurypräsident hob die Bedeutung der menschlichen Qualitäten hervor: „Der Mut, einen unrealisierbar erscheinenden Traum nicht nur zu träumen, sondern wahr werden zu lassen. Der unbedingte Wille, sich nicht einem scheinbar unabänderlichen Schicksal zu ergeben, sondern gegen den Strom zu schwimmen. Eine meisterhafte Käserin, ein genialer Verkäufer und eine Handvoll mutiger Bauern haben beschlossen, ihre Milch nicht ins Unterland abführen zu lassen, sondern in Andeer zu einem hochwertigen Produkt zu verarbeiten und im hart umkämpften Hochpreissegment zu verkaufen."[iv]

[2] Im Sommer 2010 fand der Alpauftrieb in Andeer erst am 25. Juni statt, weil Mitte Juni noch zu viel Schnee oberhalb 1.800 Meter lag.

Mit dem Titel „Gut für Gaumen und Gemeinde“ würdigte anlässlich des zum Weltmeister gekürten Käses auch das Biomagazin *bioaktuell* die sozioökonomische Bedeutung der Weiterverarbeitung in der Region.[v] In der besonders guten Käsequalität sieht Andreas Melchior, Agrarwissenschaftler und Präsident der Milchgenossenschaft in Andeer, einen Türöffner für die wirtschaftliche Entwicklung der Region. Ihm gehört einer der fünf Zulieferbetriebe: „Nur einen kleinen Teil unseres Einkommens erzielen wir durch Fleisch und über die Direktvermarktung von Butter und Käse in den drei Alpsommermonaten. Unser Standbein ist die Biomilch, die wir der Sennerei liefern. Die Senner garantieren uns einen guten Preis, so dass unsere Betriebe wirtschaftlich überdurchschnittlich dastehen. Statt die letzten noch verbliebenen Bergsennereien zu schließen, müssen alte erhalten und neue geöffnet werden. Unser Motto lautet *Erhalten statt wachsen*, das heißt auch *Qualität vor Quantität*.“

Tatsächlich könnte die Nachfrage nach Bio-Bergmilch aus der Schweiz künftig steigen, vor allem weil sie von Kühen produziert wird, die auch außerhalb der Weidezeit nie mit Silage, sondern mit Heu gefüttert werden. Hingegen stammt konventionell erzeugter *Emmentaler* und *Appenzeller* überwiegend aus Silo-Milch. Aus Gras Silage zu machen, dauert nur ungefähr halb so lange wie die Heubergung; zudem sind die Landwirte weniger vom Wetter abhängig. Während Regen bei der Mahd der Heuqualität schadet, kann feuchtes Gras siliert werden.[3]

Silofutter gefährdet vor allem lange reifenden Käse durch Fehlgärungen. Tricks wie der Zusatz von Nitrat (E251, E252) zur Käsereifung beeinträchtigen dessen Geschmack. Der Schweizer Verband *Bio Suiss* verbietet den Zusatz von Nitrat und deshalb die Verfütterung von Silage an Bio-Kühe, deren Milch zu Hart- und Halbhartkäse verarbeitet wird. Grasbasierte Heumilch hat nicht nur keine Geruchs- oder Geschmacksfehler durch Silage, sondern bietet einen höheren Gehalt an Omega-3-Fettsäuren.[vi]

Neben der Heu-statt-Silage-Fütterung wirkt sich entscheidend auf die Produktqualität aus, dass die in der Schweiz erzeugte Bio-Milch fast zu 100 Prozent von Grünland erzeugt wird. Es besteht ein großer Unter-

[3] Da es im Juni häufig regnet, reicht die Zeit nach dem Mähen meistens nicht, um das Heu auf den Weiden vor dem Pressen ausreichend zu trocken. Meistens ist zusätzliche Trocknung erforderlich. Die Wahl der Trocknungstechnik entscheidet wesentlich über die Energiebilanz der Betriebe.

schied zur EU-Bio-Verordnung, die bis zu 40 Prozent Kraftfutter bei Bio-Milchkühen erlaubt. Unter den einzelnen Bio-Verbänden, die die Zufütterung deutlich beschränken, ist *BioSuiss* mit maximal 10 Prozent am strengsten.[4]

Michael Walkenhorst, Tierarzt am *Forschungsinstitut für Biologischen Landbau* (FiBL) betreut auch in Andeer Bio-Betriebe: „Wir entwickeln gemeinsam mit den Betriebsleitern individuelle Konzepte für die Fütterung und Gesunderhaltung der Tiere. Betriebswirtschaftlich ist wichtig, dass es sich für die Betriebe unterm Strich wirklich lohnt, weitestgehend kein Kraftfutter einzusetzen.“[vii]

Die fünf Bio-Betriebe in Andeer haben zwischen 13 und 20 Kühe, damit gilt ihre Größe für Schweizer Bergverhältnisse auch heute noch als normal. Überdurchschnittlich ist aber das Lebensalter als Ausdruck der Gesundheit der Kühe – im Vergleich zur Schweizer Durchschnittskuh. *Winnie* mit sieben, *Susi* und *Leila* mit je acht und *Pia* mit neun Kälbern heben heute auf ihren Betrieben den Altersdurchschnitt an. Auf dem Bio-Betrieb Mani in Andeer lebte im Jahr 2005 *Marina*, eine damals 20 Jahre alte behornte Braunviehkuh, die einige Monate zuvor ihr 18. Kalb geboren und insgesamt bereits 90.000 Liter Milch gegeben hatte. Von *Marinas* Eltern, *Calanda*, die ebenfalls mit 17 Jahren ein stolzes Alter erreicht hatte, und *Bismarck* stehen auf dem Betrieb heute weitere langlebige und fruchtbare Nachkommen.

Damit der *Andeerer Traum* immer weiter wahr wird, hat Martin Bienerth seit acht Jahren keinen Sommer mehr auf der Alp verbracht: „Natürlich fehlt mir das. An die Freiheit und die Kühe da oben zu denken, macht mir manchmal richtig Herzschmerz. Aber wenn man von etwas überzeugt ist, dann muss man es machen und dafür kämpfen. Wir wollen auch hier unten beweisen, dass und wie es geht. Denn nur wenn es unten funktioniert, hat das Ganze eine Überlebenschance. Vorerst heißt das aber weiterhin 60 bis 80 Arbeitsstunden in der Woche und nur zwei Wochen Ferien im Jahr. Wir müssen die Kreisläufe der regionalen Wertschöpfung, in die die Sennerei eingebunden ist, weiter festigen, sowohl finanziell und personell, als auch in ideeller Hinsicht.“

Dazu zählt für das Sennerpaar der *Hörnerrappen*. Mit dieser Prämie wertschätzen sie speziell Milch von behornten Kühen. Der Sinn hinter den Hörnern ist bisher wissenschaftlich kaum untersucht worden.[viii] Auf-

[4] Für konventionelle Betriebe bestehen keine Begrenzungen beim Kraftfutter.

fällig ist, dass die Rassen mit den größten Hörnern aus Regionen stammen, deren Böden nur während einer kurzen Saison über Futterreichtum verfügen.

Ein Beispiel sind für Martin Bienerth die Watussi-Rinder in Ostafrika, deren Hörner bis zu zwei Meter lang werden und einen Umfang von 50 Zentimeter erreichen können. „Die großen Hörner der Watussi waren zwar züchterisch gewollt, aber sie entsprechen dem weltweit zu beobachtenden Phänomen, dass die Hörner der Rinder umso größer sind, desto weniger gehaltvoll das Futter übers Jahr gesehen ist. Das zeigt sich auch in besonders kargen Landschaften Europas, zum Beispiel bei den Ungarischen Steppenrindern und den Schottischen Hochlandrindern und weist auf einen Zusammenhang zwischen Hörnern und der Fähigkeit, besonders rohfaserreiches Futter zu verwerten, hin. Das wird ignoriert, wenn Rinder mit Eiweißfuttermitteln wie Soja gefüttert werden."

Zur Qualität des Futters und der Milch kommt die der handwerklichen Erfahrung: „Wir müssen in jeder Herstellungs- und Reifephase des Käses spüren – sehen, fühlen, riechen, wann *es* soweit ist und wann die nächste Phase beginnen muss. Wir arbeiten ja mit Lebewesen, nur sind das jetzt nicht mehr die uns vertrauten Kühe, sondern Millionen Mikroorganismen – Bakterien, Pilze und Hefen, die ihren jeweiligen Lebenszyklen entsprechend permanent Substanzen bilden, von denen viele die Käsereifung beeinflussen. Das Kunststück beim Käsen liegt für uns in der Balance zwischen Individualität und Wiedererkennungsmerkmalen: Jeder Laib Alpkäse ist ein unverwechselbares Handwerksstück. Und, man muss schon sagen, *dennoch* gelingt es uns, den Geschmack der einzelnen Käse immer wieder sehr, sehr ähnlich hinzukriegen, so ähnlich, dass die Konsumenten sie dann wirklich *wiederschmecken*."

Früher standen kleine Betriebe auf der Roten Liste, heute sind es schon die mittleren. Im europäischen Vergleich sind die Berggebiete noch ein Eldorado, aber auch hier droht zeitverschoben der Kahlschlag. Aus Sicht der Vermarktung ist Graubünden kein Randgebiet: „Bauern, Käser und Händler müssen die zentrale Lage zwischen Deutschland und Italien nutzen. Es geht *nicht* darum zu wachsen! Es geht darum, nicht zu weichen und das Vorhandene zu konsolidieren! Wir müssen die Bergmilch ihrer Qualität entsprechend hochwertig verarbeiten und hochpreisig vermarkten, deshalb gilt es, insbesondere auch den Touristen die Produkte der Region schmackhaft zu machen."[ix]

Oft spüren Menschen ihre in der Kindheit geprägten Wertemuster in den Ferien sensibler als im Alltag. Nicht selten sind sie dann offener für besondere Qualitäten als die heimische Bevölkerung am Urlaubsort. Martin Bienerth: „Die Bilder der Landschaft und Landwirtschaft meiner Kindheit stammen von einer Arbeitersiedlung am Stadtrand von Kempten. Ich bin sehr behütet aufgewachsen mit viel Naturbegegnung durch die Eltern. Zwar stopften sie unsere vier Mäuler aus Geldmangel mit Billig-Food, aber zum Frühstück gab es immer frische Milch – direkt vom Bauern!"

Maria Meyer: „Ich bin im Weinbaugebiet in der Nähe von Trier aufgewachsen. Geprägt hat mich der kleine Hof meiner Oma im Nachbardorf mit großem Garten und vier Milchkühen. Erst bin ich Gärtnerin geworden. Dann habe ich auf einem Bio-Betrieb gearbeitet – und zum ersten Mal gekäst. Während des anschließenden Landwirtschaftsstudiums begann schon die Zeit, in der ich mir über acht Sommer meine Leidenschaft fürs Buttern und Käsen erfüllt habe: als Sennerin auf der Alp. Ende der 1990er Jahre folgte dann im Emmental die Lehre als Käserin und ebenfalls hier in der Schweiz auch der offizielle Abschluss zur Käsemeisterin."

Politiker sprechen häufig von *potenzialarmen Räumen* und meinen die Bergregionen. Die Entwicklung scheint ihnen recht zu geben, weil viele in Ermangelung von Arbeitsplätzen abwandern. Aber bis heute hat das Dorf sogar noch einen Schlachthof, und das Erfolgspaar Maria Meyer und Martin Bienerth richtet seine Sinne auf die Potenziale: „Jede und jeder von uns muss essen und trinken. Wir alle haben die Wahl, was wir wo kaufen und entscheiden täglich aufs Neue mit unserem Geldbeutel, ob Tiere auf die Weide können, ob Produkte aus der Region ihre Käufer finden und so auch Arbeitsplätze geschaffen werden."

Ihre Milch sei so gut, man solle sie behandeln wie ein rohes Ei: „Wir würden gerne nur Rohmilchkäse herstellen.[x] Das Nadelöhr ist die Kommunikation: wie wir unsere Produkte vermarkten. Käsen ist für uns Handwerkskunst, Laib für Laib. Wir müssen mit Qualität gegen den dramatischen Milchpreisverfall angehen. Wenn wir für unsere Bio-Produkte im Berggebiet ein Werte- und Preisbewusstsein entwickeln und dauerhaft erhalten könnten, haben wir mehr erreicht, als wir uns je erträumt haben."

Kapitel 13

„Am Anfang waren alle dagegen."

Im deutschsprachigen Raum waren nie reine Fleischrinder gezüchtet worden, sondern immer Rassen, die zumindest *auch* gemolken wurden: *Dreinutzungsrinder* – für die Zug-, Milch- und Fleischleistung – sowie *Zweinutzungsrinder*, die nicht arbeiten mussten. Aber die Briten, die europäischen Tierzüchter Nr. 1, haben auch zahlreiche reine Fleischrinder entwickelt. Einige dieser Rassen sind auch heute noch so robust und genügsam, dass sie ganzjährig im Freien gehalten werden können.[i]

„Meine Frau und ich mussten erst den Umweg über südafrikanische Farmen nehmen, um dort angesichts der Herden auf den riesigen Weiden zum ersten Mal diese Idee zu haben[1]: Eigene Rinder und zwar mit so viel Weidefläche, dass sie während ihres ganzen Lebens in Freiheit leben können." Als der Tierarzt Dietrich von Bomhard 1988 von seiner Reise durch (das jetzige) Namibia und die Republik Südafrika zurückkam, war noch offen, ob er die Idee, eigene Rinder artgerecht zu halten, eines Tages in die Praxis umsetzen würde. Heute weiden auf dem *Hof am Mühlenbach* in Mecklenburg-Vorpommern circa 240 Rinder – vor allem Galloways.[ii]

Galloways sind die älteste Rinderrasse Großbritanniens und stammen aus der gleichnamigen Region im Südwesten Schottlands. Seit die schottischen Wälder dem Kahlschlag zum Opfer gefallen sind, ergänzen sich dort genügsame Schaf- und Rinderrassen bei der Verwertung der riesigen Weideflächen. Die eher kleine Rasse – ihr Widerrist, der höchste Punkt über der Schulter, misst unter 130 Zentimeter – fällt durch ihr lockiges Fell auf – längeres, gewelltes Oberhaar, unter dem im Winter dichtes Unterhaar wächst. Rein schwarze Tiere dominieren, aber gezüchtet wer-

[1] Zur Haltung von Fleischrindern im südlichen Afrika vgl. S. 133ff. *„Ekkehard ist der Schafmann und ich bin die Rinderfrau."*

den auch gelbbraune, rote und ganz weiße sowie Tiere mit einem weißen Bauchgurt.

Dietrich von Bomhard: „Noch bevor ich eigenes Weideland hatte, war meine Entscheidung für die Galloways gefallen. Ich mag sie, sie sind mir sympathisch. Natürlich spielt ihre Eignung zur ganzjährigen Freilandhaltung die entscheidende Rolle: Sie sind genügsam und halten Wind und Nässe gut aus. Mich haben aber zwei weitere Charakteristika für sie eingenommen: ihr friedfertiges Wesen und ihre *genetische Hornlosigkeit*. Galloways sehen also nicht nur hornlos aus – wie Tiere, denen die Hornansätze weggeätzt oder die Hörner abgesägt worden sind –, sondern haben definitiv keine Hörner. Ich glaube, dass die Verletzungsgefahr so geringer ist."

Bis in die 1970er Jahre war die Haltung von Fleischrindern in Deutschland eine Ausnahme. Gemästet wurden nur die männlichen Tiere der Zweinutzungsrassen und manchmal auch Jungkühe, die sich für die Zucht nicht eigneten. Das änderte sich erst mit dem *Strukturwandel*: Denn in der alten Bundesrepublik gaben immer mehr Bauern besonders in den Mittelgebirgsregionen Weidewirtschaft und Milchviehhaltung auf. Wer sein Geld mit Kühen verdiente, die im Sommer vorrangig Gras und im Winter Heu fraßen, war nicht mehr konkurrenzfähig. Auch der Versuch, die Familie mit einem *Patchwork*einkommen zu ernähren und als so genannter Mondscheinbauer den Hof nur noch im Nebenerwerb zu bewirtschaften, erwies sich auf Dauer als unrentabel. Das politisch gewollte *Wachsen oder Weichen* überlebten vor allem diejenigen Betriebe, die mit steigenden Tierzahlen und intensiver Fütterung immer mehr Milch produzierten.

Solange es keine ganzjährige Freilandhaltung gab, beherrschten drei Haltungsformen die Weidenutzung von Frühjahr bis Herbst: Erstens Milchkühe, die an manchen Orten noch bis in die 1980er Jahre auf der Weide gemolken oder jeweils morgens und abends zum Melken auf den Hof getrieben wurden.[2] Zweitens Jungvieh und drittens Mast-Ochsen – jeweils auch nur während der Vegetationszeit.

In der Folge des Strukturwandels entwickelte sich in den 1980er Jahren in Deutschland (West) eine zusätzliche bis dahin in ganz Deutschland

[2] Die Entwicklung der Laufställe und zunehmendes Verkehrsaufkommen in Hofnähe führ(t)en dazu, dass die Kühe nur noch auf einen planierten Laufhof oder stundenweise auf eine kleine Hausweide durften bzw. dürfen.

weitgehend unbekannte Art der Landbewirtschaftung: die so genannte Mutterkuhhaltung mit Fleischrindern. In den Grünlandregionen der Mittelgebirge ersetzte sie auf dem verbliebenen Dauergrünland Milchvieh, dessen Haltung sich dort nicht mehr lohnte. Die bevorzugte Rasse für die Mutterkuhhaltung: Galloways. Das Neue: Kühe und Kälber weiden über mehrere Monate zusammen. Solange, bis die Kühe ihren Nachwuchs selbst von der Milchquelle entwöhnen oder die Kälber in eine Jungviehherde umquartiert werden, damit ihre Mütter sich für das nächste Kalb wieder ausreichend Kraft anfressen können.

Die Eigentümer der für Deutschland neuartigen Mutterkuhherden waren überwiegend keine Bauern, sondern Städter, die es mit Erst- oder zumindest Zweitsitz aufs Land zog. Die Nachfrage nach den genügsamen und umgänglichen schottischen Rindern nahm so zu, dass bereits Ende der 1980er Jahre mehr Galloways in Deutschland lebten als in ihrem Ursprungsgebiet.[iii] Nach und nach eroberten Robustrinder zusätzlich Flachlandregionen, und nach der Wende ging der Boom auch auf die neuen Bundesländer über.[iv]

Dietrich von Bomhard: „Hier in Mecklenburg-Vorpommern gibt es in Küstennähe sehr viel Grünland. Entscheidend war – und ist – für mich, die Rinder artgerecht halten zu können. Tierschutz ist für mich die Hauptsache. Um das auch nach außen zu dokumentieren, bin ich Mitglied beim Verband *Neuland* geworden.[v] Aber Ende der 1960er Jahre war Tierschutz in der Landwirtschaft ja noch fast kein Thema. Damals habe auch ich als junger Tierarzt die alltäglichen Grenzüberschreitungen in der Landwirtschaft nicht als generelles Problem wahrgenommen. Es waren einzelne Extreme, die ich grausig und ethisch nicht vertretbar fand. Statt einer tierärztlichen Rinderpraxis habe ich später in München das erste selbstständige, rein veterinärmedizinisch pathologische Institut im deutschsprachigen Raum gegründet. Mich hat die Pathologie immer fasziniert, aber seit Ende der 1980er Jahre wuchs die Lust auf einen eigenen Hof: Es lockte uns, aufs Land zu ziehen."

Kurz nach der Wende kam Dietrich von Bomhard zum ersten Mal nach Mecklenburg-Vorpommern – als Tourist zum Surfen: „Da hatte ich noch nicht im Sinn, dass mein Hof einmal hier im Norden sein würde, wir orientierten uns doch auf Bayern oder ins südliche Ausland. Aber im März 1993 gab mir eine Kollegin den Tipp: Das Nachbargut unseres heutigen Betriebes in Lodmannshagen hatte viel Grünland, aber keine Rinder. Die Gegend gefiel uns – und bis zur Ostsee weniger als 15

Kilometer ... Noch hatte ich ja kein eigenes Land, verguckte mich aber in 25 Galloway-Färsen, rein schwarze Jungkühe – zwischen neun und 12 Monate alt. Ich habe sie gekauft und in obigem Gut eingemietet. Später kam ein strammer Gallowaybulle dazu. Damit war die Entscheidung für den hohen Norden schon gefallen."

Fünf Jahre nach der Reise durch Südafrika war es so weit. Im Herbst 1993 kaufte Dietrich von Bomhard in Lodmannshagen den neben einer Wassermühle gelegenen Hof. Zu diesem Zeitpunkt wurden kaum noch Tiere auf den Betrieben der ehemaligen LPGs in der Gemeinde Boltenhagen gehalten. Der Bürgermeister: „Am Anfang waren alle im Dorf dagegen. Ich auch. Vor allem wegen der Fliegen. Jemand, der in der Nähe einer LPG-Tier gewohnt hatte, wollte doch im Sommer auch mal draußen sitzen ... Wir kannten damals keine Rinderhaltung ohne Fliegenplage. Dass ausgerechnet hier mal Ferienwohnungen gebaut und die Tiere auf den Weiden sogar zum Anziehungspunkt für Touristen würden, konnten wir uns damals nicht vorstellen."

Wie üblich in der ganzjährigen Freilandhaltung von Rindern, ziehen die Tiere auf dem *Hof am Mühlenbach* im Tageslauf über die Weide: Fress- und Wiederkauphasen wechseln sich ab. Zusätzlich wird den Galloways auch gröberes Raufutter quasi als Beilage geboten: Stroh, Silage und Heu. Dietrich von Bomhard: „Artgerechte Haltung bedeutet für mich vor allem, dass alle Tiere ganzjährig im Freien leben und Kühe mehrere Monate mit ihren Kälbern beisammen bleiben. Dabei halten wir uns an das Prinzip *Futter nur vom eigenen Hof*: Vom späten Frühjahr bis in den Herbst wächst den Tieren das Futter ins Maul. Dann verhält sich die Herde so, wie man sich das vorstellt: Alle weiden oder ruhen im lockeren Herdenverband. Mit zunehmender Hitze steigt die Frequenz, mit der sie die Versorgungsstation aufsuchen, meist um zu trinken."

Zur Versorgungsstation zählen Tränken, Minerallecksteine sowie ein großer Unterstand. Als Wind- und Sonnenschutz nutzen die Rinder aber auch Baumgruppen oder die Stapel aus Heu- und Strohballen für die Winterfütterung. „Natürlich haben sie einen Unterstand, aber *darin* halten sie sich eher selten auf. Das gilt auch im Winter, dennoch ergibt sich bei Frost oder Schnee ein weitgehend anderes Bild von der Herde als im Sommer: Vor allem bei geschlossener Schneedecke lebt sie fast ausschließlich an der Versorgungsstation. Das wäre natürlich anders, wenn wir nicht täglich Winterfutter – Heu oder Silage – anbieten würden, das ist üblich in der Mutterkuhhaltung. Weil die Galloways sich aber auch dann in der Regel gar nicht unterstellen, schütten wir ihnen täglich frisches Stroh in die Nähe des Unterstandes. So wächst nach und nach ein kleiner Hügel, auf dem sie stehen und liegen. Erst wenn im Frühjahr wieder Gras wächst, nehmen anfangs einzelne und nach und nach alle die täglichen Wanderungen über die Weide wieder auf.“[3]

Seit dem Jahr 2000 grasen auf dem *Hof am Mühlenbach* auch Bullen der Rasse Hereford, der mit über fünf Millionen in Zuchtbücher eingetragenen Tieren weltweit verbreitetsten Fleischrinderrasse. Circa die Hälfte ist genetisch bedingt hornlos. Sie gelten als klimatolerant und langlebig[vi]: „Unsere Weiden hier sind eigentlich etwas zu gut für die genügsamen Galloways, die bei uns viel mehr Talg bilden als die fleischigeren Herefords; aber für den Talg haben wir wegen der geringen Tierzahlen kaum Vermarktungsmöglichkeiten. Deshalb züchten wir zweigleisig: Zum einen erhalten wir unsere reine Galloway-Herde, – *Anton* und *Inkoson* sind seit 2005 bzw. 2006 unsere Galloway-Bullen. Zum anderen kreuzen wir Galloway-Kühe nach der Geburt von zwei bis drei Kälbern für die reine Galloway-Nachzucht mit den fleischigeren Hereford-Bullen. Der heute 12 Jahre alte *Emil* war mein erster. *Emilson* ist jetzt vier. Wir haben den Eindruck, dass er sich in diesem Jahr erstmals bei den brünstigen Kühen meistens gegen seinen Vater durchsetzt.“

Im Winter leben alle Mutterkühe zusammen in einer Herde – ohne Bullen: „Ab Juni teilen wir die Mutterkuhherde auf. Zurzeit leben die beiden Herdbuchherden mit *Anton* bzw. *Inkoson* und die Kreuzungsherde mit *Emil* und *Emilson.* Weil die Trächtigkeit auch bei Kühen circa neun Monate dauert, lassen wir die Bullen von Juni bis November zusammen mit den Kühen weiden, damit die Geburten hauptsächlich in die Zeit von März bis April fallen. In der übrigen Zeit leben die Bullen gemeinsam mit den Mastochsen.“ Die Kreuzungstiere werden fast alle geschlachtet. Aber einige wenige Zucht-Kühe geben sich durch das Erkennungsmerkmal der Herefords – weiße Köpfe – als Kreuzungstiere zu erkennen: „Die *rote Lisa* verkörpert einen robusten Typ und hat mir wegen ihrer Führungsqualitäten, ruhigen Ausstrahlung und Mütterlichkeit gefallen. Deshalb habe ich sie behalten. Heute ist sie schon 15 Jahre alt und hat 12 Kälber geboren.“

[3] Dietrich von Bomhard: „Bei anhaltend strengen Minustemperaturen ergänzen wir das Winterfutter mit selbst erzeugtem Getreideschrot.“

Die Schlachttermine liegen zwischen Ende Februar und Ende Oktober. Dann sind die Ochsen zwischen 20 und 36 Monate alt. Das Vertriebsnetz für das Fleisch hat Dietrich von Bomhard selbst aufgebaut – anfangs bestand der Kundenstamm aus Freunden und früheren Kollegen: „Wir liefern selbst aus. Der Vertrieb entwickelte sich von Anfang an gut. Aber als BSE im November 2000 auch bei einer in Deutschland geborenen Kuh amtlich bestätigt wurde, war erst mal offen, wie es weiter gehen würde. Zum Glück haben gerade die Konsumenten, die an Fleisch von artgerecht gehaltenen Tieren interessiert sind, dann doch schnell verstanden, dass BSE kein Problem bei extensiv gehaltenen Rindern war."

Seit Herbst 2002 findet auch die Zerlegung der Tiere und die Verpackung in 20-Kilogramm-Pakete auf dem Betrieb in Lodmannshagen statt. Dietrich von Bomhard hat die Mühle dazugekauft und als Zerlegebetrieb und Rapsmühle ausgebaut, weil er nicht von Unwägbarkeiten abhängig sein möchte, zumal die Auslieferungstermine auf die Stunde genau festgelegt sind.

Für einen großen Kompromiss hält er weiterhin den Transport zum Schlachthof und die Schlachtung: „Unsere Rinder müssen eine halbe Stunde transportiert werden, bevor sie in Anklam ankommen. Das ist zwar im bundesweiten Durchschnitt wenig. Aber egal wie lange der Transport dauert, sie müssen vorher verladen werden. Für die Tiere heißt das: Raus und weg von ihren vertrauten Herdenmitgliedern, dann auch noch zum ersten Mal in ihrem Leben Autofahren und schließlich in einer völlig fremden Umgebung ankommen. Bei uns ist die Strecke nur kurz, und die Tiere sind schnell verladen, weil es nie sehr viele sind. Aber das Ziel muss letztlich sein, dass die Tiere gar nicht mehr transportiert werden müssen vor dem Schlachten und wir ihnen auch die Schlachthofsituation ersparen. Deshalb setzen wir uns inzwischen mit *mobiler Schlachtung* auseinander: Der Schlachthof kommt quasi zum Tier und nicht umgekehrt. Transportiert wird dann nur noch Fleisch.[4] Verstehen Sie mich nicht falsch, Menschen sind Omnivoren. Für mich ist normal, dass sie auch Fleisch essen. Mir geht es um das *Wie* davor – die Lebens- und Sterbebedingungen. Eine wesentliche Entscheidung liegt bei den Konsumenten – an der Kasse."

[4] Vgl. S. 159ff. *Sturkopf mit Mission.*

Kapitel 14

„Carne basta!“

„Kühe waren für mich gleichbedeutend mit Milchvieh. In den 1960er und 1970er Jahren habe ich im gesamten Allgäu keinen Betrieb mit Fleischrindern gekannt, und ich glaube, es gab dort keine einzige Mutterkuhhaltung. Deshalb hatte ich auch gar keine Vorstellung davon, was diese Haltungsform für die Tiere bedeuten könnte.“ Rupert Ebner wollte Bauer werden, sein Vater hatte zum Beamtentum geraten, und letztlich studierte er nach einer Ausbildung zum Bankkaufmann Tiermedizin: „Da habe ich zum ersten Mal von Piemontesern gehört – eine damals noch genügsame Fleischrasse, deshalb war sie vom Aussterben bedroht.“

1983 tourte Rupert Ebner mit seinem kleinen Sohn durch Italien und begegnete der ersten Mutterkuhherde seines Lebens: „Als ich immer noch überlegte, ob die nicht vielleicht doch gemolken werden, meinte der Junge, der die Herde betreute, *Carne basta!* Bis dahin hatte ich wirklich gar kein Bild davon im Kopf, dass Kühe mit ihren Kälbern zusammen auf der Weide leben könnten. Das zu sehen, hat mich tief berührt und dann nicht mehr losgelassen.“

Es gelang ihm, einschlägige Kontakte nach Italien zu knüpfen, und 1987 fuhr Rupert Ebner mit einem befreundeten Rinderliebhaber zur *Mostre Nationali*, der landesweiten Piemonteserschau: „Ein unglaublich emotionales Erlebnis, wie die Piemontesen ihre Tiere mit einem richtigen Fest feierten – mitten im Ort in der geschmückten Markthalle. Das war genau der richtige Einstieg in unsere Piemonteserzucht.“

Solch ein Fest mit einheimischen Rinderrassen war damals – vor mehr als 25 Jahren – in Bayern nicht denkbar. Dort vollzog sich sang- und klanglos der Niedergang der heimischen Murnau-Werdenfelser Rinder, die bereits in den 1970er Jahren fast aus allen Ställen verschwunden waren: Die größte Verbreitung hatte die Rasse um 1900 mit circa 70.000 Tieren: Sie reichte vor allem wegen der geschätzten schweren und gängigen Zugochsen und der Genügsamkeit auch auf kargen Standorten weit nach Norden ins Voralpenland über die Grenzen des ursprünglichen Zuchtgebietes hinaus. 1896 ergab die Viehzählung etwa 62.000 Tiere, 1927 30.000 und 1936 noch 23.000.[i] Seit den 1960er Jahren wurde den Züchtern mehr und mehr zum Wechseln der Rasse geraten und letztlich die Teilnahme von Murnauer-Bullen an Zuchtviehauktionen verboten. In der Folge ging die Anzahl der reinen Murnauer-Züchter von 1970 bis 1975 von 60 auf sechs mit insgesamt nur noch 90 Kühen zurück – verdrängt von Rassen mit höherer Milchleistung.[ii]

Ursula Hudson-Wiedenmann war in der Ursprungsregion der Murnau-Werdenfelser Rinder gerade noch früh genug aufgewachsen, um den Niedergang der heimischen Dreinutzungsrasse – als Arbeitstiere und als Lieferanten für Milch und Fleisch – mit eigenen Augen wahrnehmen zu können: „Im Stall bei meinen mütterlichen Großeltern hatten Murnau-Werdenfelser Kühe noch bis Mitte der 1960er zur Lebensgrundlage der Familie beigetragen. Mein väterlicher Großvater hat damals wie später mein Vater mit Murnau-Werdenfelser Ochsen im Gespann gearbeitetet.[1] Wiesen besaß er sowohl im Tal, darunter sumpfig feuchte an der Loisach, als auch hochgelegene steile in Richtung Partnachalm und Wetterstein." In den 1980ern zählte die heutige stellvertretende Vorsitzende von *Slow Food* im Sommer auf jeder Bergtour die noch verbliebenen Murnau-Werdenfelser: „Aber bald sahen wir auf vielen Almen in der Zugspitzregion gar keine mehr. So waren sie zwar nur noch kurz genuiner Bestandteil meiner Heimat, aber das hat genügt, um sie zum Maßstab aller Rinder werden zu lassen: Für mich ist eine Murnau-Werdenfelser Kuh eine schöne Kuh, eine Kuh, die zum manchmal auch rauen Klima der Berglandschaft des Werdenfelser Landes – das Alpen- und Voralpengebiet um Garmisch-Partenkirchen, Mittenwald, Oberammergau und Murnau einschließlich seiner moorigen Talböden – gehört und eben *passt*."

Bis Mitte der 1990er Jahre hatten Rupert Ebner und seine langjährigen Züchterfreunde eine Piemonteserzucht bei Ingolstadt aufgebaut. Fünfzehn Jahre später steht er am Rand einer Wiese im Donaumoos. Dort weidet eine Herde mit Murnau-Werdenfelser Rindern – Kühe, Kälber, Ochsen, die inzwischen ihm und seinen Züchterkollegen gehört: „1998 kam ich zu *Slow Food*. Da werden ja Regionalität und lokale Traditionen

[1] Die gute Eignung im Ochsengespann führte schon sehr früh zu einer Gefährdung der Rasse: Da viele gute männliche Kälber für die Zugnutzung kastriert und häufig in andere Gebiete exportiert wurden, ging genetische Varietät der Rasse verloren.

ganz groß geschrieben. Deshalb hat die Frage, wieso wir hier in Bayern keine einheimische Rasse, sondern Piemonteser Rinder züchten, natürlich nicht lange auf sich warten lassen ... Wir haben uns das sehr zu Herzen genommen und mussten das auch intellektuell erst mal *verdauen* ... Aber allzu lange haben wir dafür dann doch nicht gebraucht; vor allem, weil der italienische Zuchtverband die Piemontesen inzwischen immer einseitiger auf hohe Fleischleistung züchtete; so verlieren sie auf Dauer zwangsläufig die Fähigkeit, weniger gehaltvolle Gräser gut zu verstoffwechseln.[iii] Deshalb haben wir die Piemontesen nach und nach geschlachtet. Die genügsamen Murnau-Werdenfelser sind heute für die Auen und Moore im Donaumoos weit besser geeignet.“

Ursula Hudson-Wiedenmann: „Ein paar Murnau-Werdenfelser waren dem Verdrängungswettbewerb nicht zum Opfer gefallen. Aber kein Wunder, dass wir die auf unseren Bergtouren nicht gesehen haben, wenn sie weitab von Wegen hinter Latschenkiefern nach ihrem Lieblingsfutter suchten … Einige wenige einheimische Landwirte, meist Nebenerwerbs- oder *Freizeit*-Bauern hatten sie den Quoten zum Trotz nicht gegen Hochleistungskühe ausgetauscht – aus Heimatgefühl? Oder wegen des Aussehens, ihres besonderen Charakters, ihrer ökologischen Eignung?“[iv]

Trotz und wegen des Niedergangs der Murnau-Werdenfelser engagierten sich Menschen für die Erhaltung der Rasse – auch im Rahmen der Ende 1981 gegründeten *Gesellschaft zur Erhaltung Alter und vom Aussterben bedrohter Haus- und Nutztierrassen*, kurz GEH. Während sich die Bayerische Staatsregierung nach und nach von eigenen Tierbeständen trennte, behielt sie ihre Murnau-Werdenfelser-Herde und überführte einen Teil im Rahmen eines Renaturierungsprogramms in das nördliche Oberbayern auf ihr Moorversuchsgut im Donaumoos.[2]

Dennoch – und trotz staatlicher Förderprogramme – erfasste der bayrische Zuchtverband im Jahr 2000 nur knapp 100 Tiere. Damit einzelne Bestände wachsen und vor allem wieder mehr Betriebe Murnau-Werdenfelser halten, gilt – wie für alle bedrohten Rassen, dass sich die Haltung der Tiere ökonomisch lohnen muss. In diesem Sinne kam entscheidender Rückenwind aus München. Kein neues Phänomen – die Stadt entdeckt das Land und mit ihm seine Besonderheiten, hier: die kulinarischen.

[2] Die staatliche Herde im Donaumoos ist heute der größte zusammenhängende Bestand außerhalb der Ursprungsregion.

Ursula Hudson-Wiedenmann: „2003 hatte *Slow Food* die *Arche des Geschmacks* ins Leben gerufen.[v] Seltene oder sogar vom Aussterben bedrohte Tiere können Passagiere der *Arche* werden, wenn sie für bestimmte Regionen identitätsbildend sind, einen Beitrag zur geschmacklichen Vielfalt und zur Nachhaltigkeit leisten – und erwerbbar sind. Auf Initiative der Münchner *Slow-Food*-Gruppe wurde das Murnau-Werdenfelser Rind 2005 Passagier der *Slow Food Arche.*“

Nach dem Motto *Essen, was man retten möchte,* erfolgte zwei Jahre später ein Aufruf: „... Um die Ziele und Aufgaben dieses Fördervereins abzustecken und auch sonst diesen Verein auf ein möglichst großes Fundament zu stellen, bitten wir Sie als Züchter und Freunde am Dienstag, 15.5.2007 um 20.00 Uhr zur vorbereitenden Versammlung zur Gründung ...“[vi] Der Tierarzt Rupert Ebner, die Kulturwissenschaftlerin Ursula Hudson-Wiedenmann sowie der Gastronom Jürgen Lochbihler, Wirt des *Pschorr* am Münchner Viktualienmarkt, zählen zu den Gründungsmitgliedern des *Fördervereins zur Erhaltung des Murnau-Werdenfelser Rindes*, dem Halter aus der Ursprungsregion und auch aus anderen Gegenden Bayerns angehören. Die Gründung war überfällig, denn 2007 hatte die GEH die Murnau-Werdenfelser Rinder zur – bedrohten – *Nutztierrasse des Jahres* gekürt.

Ursula Hudson-Wiedenmann: „Der Wirt des *Pschorr* bringt die Murnau-Werdenfelser mit Begeisterung und Herz unter die Leute. Gerichte vom Murnau-Werdenfelser Rind weist er auf der Speisekarte gesondert aus und erklärt mit einer kleinen Geschichte die Besonderheit der Rasse. Verarbeitet wird das ganze Tier: Alles kommt auf den Teller – Innereien, Steak, Bratwurst, Käse, Schinken, Leberwurst und die luftgetrockneten *Almringe*. Aber in meiner Freude, dass die Münchner Nachfrage nach Fleisch bis in die Ursprungsregion reicht und Tiere zu guten Preisen nach München verkauft werden, saß ein Stachel; denn bei uns im Werdenfelser Land kamen die heimischen Murnauer auf den Speisekarten gar nicht vor; hier werben die heimischen Gastwirte eher mit einem *Mediterranen Pfännchen ...*“

Aber zweieinhalb Jahre nach der Gründung des Fördervereins in München bewegte sich auch in der Ursprungsregion etwas. Ursula Hudson-Wiedenmann hatte 2008 mit einigen Aktiven die *Slow-Food*-Gruppe *Zugspitzregion* gegründet und organisierte im Oktober 2009 ein Treffen vor allem für Halter und Gastronomen im alten Ortskern von Partenkirchen: „Wir hatten natürlich den Wirt des *Pschorr*, Jürgen Lochbihler, eingeladen. Dass die Erhaltung und Vermarktung der Murnau-Werdenfelser grade in der Ursprungsregion sinnvoll ist, versteht heute jeder. Aber es geht ja darum, diejenigen, die davon leben müssen, von der Wirtschaftlichkeit zu überzeugen. Trotz zahlreicher persönlicher Gespräche und Zusagen war unter den Teilnehmern aber nur *ein* Gastronom. Der kam nicht *von hier*, trug keine Lederhosen, sprach keine Mundart – war aber der Richtige!“

Bereits zu Weihnachten 2009 testete der nicht einheimische Gastwirt Carsten Schmahl vom Hotel *Zugspitze* in Garmisch Gerichte vom Murnau-Werdenfelser Rind. Die Probephase lief erfolgreich; auch auf seiner Karte stehen nun luftgetrocknete Hartwurst, Leberwurst, Fonds, Suppen, Schmorgerichte – mit Erläuterungen zur Besonderheit der Rasse. Als Metzger gewann er Andreas Leitenbauer, der in Deutschland einen der kleinsten nach EU-Norm zertifizierten *Schlachthöfe* besitzt. Ursula Hudson-Wiedenmann: „Man darf aber nicht die Relationen aus den Augen verlieren. Zum Beispiel gibt es in ganz Garmisch-Partenkirchen nur noch einen einzigen Vollerwerbslandwirt. Inzwischen sind acht Murnau-Werdenfelser Rinder für Garmisch geschlachtet worden. Der Metzger ist mit Leidenschaft in diesem Projekt dabei, aber bis er davon leben kann, muss noch viel passieren. Lohnen muss es sich für alle. Das steht und fällt mit einem fairen Preis für die Rinderhalter. Die bekommen zurzeit für das Kilo Schlachtgewicht vom Murnau-Werdenfelser Rind doppelt so viel wie für das Fleisch anderer Rinder.“

Im Normalfall werden Buckelwiesen in der Ursprungsregion heute mit Maschinen und von Hand bearbeitet – zum Beispiel in der Landschaftspflege oberhalb von Partenkirchen –, um sie von Verwaldung frei zu halten. Außerhalb ihres Ursprungsgebietes beweiden inzwischen Murnau-Werdenfelser-Herden Naturschutzflächen wie die von Rupert Ebner im Donaumoos, die zuvor über Jahre mit Maschinen gemäht worden waren.

Durch die Initiative der *Slow-Food*-Gruppe *Zugspitzregion* haben inzwischen in der Ursprungsregion einige Tierhalter wieder Murnau-Werdenfelser erworben – diesmal anders herum: quasi im Austausch gegen Schwarz-Bunte und Fleckvieh. Ursula Hudson-Wiedenmann: „Um unser Ziel zu erreichen, nämlich die Zahl der Murnau-Werdenfelser bei gleichzeitiger finanzieller Absicherung der Halter zu erhöhen, sind verschiedene Ideen im Gespräch. Die Voraussetzungen sind gut, sogar eine kleine Gastronomie mit *Landwirtschaft zum Anfassen* und eine kleine Molkerei vor Ort sind in Planung."

Rupert Ebner: „In meiner Heimat nördlich des Allgäus ging zwar das Jungvieh vom Frühjahr bis zum Herbst auf die Weide. Normal war aber die Anbindehaltung – rund ums Jahr an der Kette. Nur ab Mitte September durften auch die Kühe auf die dann schon zweimal gemähten Wiesen zum Nachweiden: Morgens ab neun Uhr sammelten sich alle Kühe des Dorfes – mal sieben, mal zehn – von den einzelnen Betrieben: insgesamt 50 bis 60. Zäune gab's auf diesen Gemeinschaftsweiden natürlich nicht, und daneben lagen die Äcker mit den Kartoffeln ...

Am Wochenende war ich natürlich beim Hüten dabei. Aber wir hatten nicht so viel zu tun. Denn die Kühe waren ja an sehr engen Umgang mit Menschen gewöhnt. Man kann sich das heute gar nicht mehr vorstellen: Jeden Morgen hieß es nach dem Misten, Füttern, Einstreuen, Melken und Frühstücken: Kühe putzen! Bis sie sauber waren. Das gehörte damals einfach jeden Tag dazu. Unvorstellbar aus damaliger Sicht die Zentimeter dicke Schicht aus Kuhkot bei vielen Kühen heute!"

Inzwischen gibt es wieder über tausend Tiere, die nun überwiegend in Mutterkuhhaltung und vorwiegend in Ökobetrieben gehalten werden. Ursula Hudson-Wiedenmann: „Wir streben für die Murnau-Werdenfelser die ganze Breite an – Milchvieh- ebenso wie Mutterkuhhaltung, Almbetrieb ebenso wie Beweidung im Tal – auch außerhalb des Ursprungsgebietes wie etwa zur Renaturierung der Moorflächen im Donaumoos. Die besondere Herausforderung liegt darin, wie die Halter im Ursprungsgebiet, deren Betriebe oft klein sind und innerhalb von Dörfern liegen, beteiligt werden können."

Dass dies nur über den Ausstieg aus dem Konkurrenzkampf mit den Milch- und Fleischerzeugern möglich ist, die Masse produzieren, führt inzwischen auch in der Ursprungsregion zum Umdenken. Ursula Hudson-Wiedenmann: „Qualität statt Quantität, Identität statt Gleichmacherei sind die Eckpfeiler einer mutigen Projektentwicklung für ein Landnutzungskonzept in der Gemeinde Aidling im Landkreis Garmisch-Partenkirchen. Denn dort will man die besonderen Milch- und Fleischqualitäten der Murnau-Werdenfelser mit ihrer herausragenden Eignung für Magerertragswiesen so verknüpfen, dass die kleinbäuerliche Landwirtschaft in Aidling auch über die Strukturreform hinaus erhalten bleiben."

Kapitel 15

„Den Rindern die Zeit geben, die sie brauchen.“

Dumme Kuh ist noch das geringste, was sich manche Kühe Tag für Tag anhören müssen, wenn sie nicht oder nicht so schnell tun, was mensch von ihnen will. Häufig reagieren Menschen darauf mit – mehr vom Gleichen: Bei der Wiederholung oft noch etwas lauter und meistens mit mehr Druck – drohender. Meistens reagieren Kühe darauf mit – mehr vom Gleichen. Bei der Wiederholung oft noch etwas sturer oder schneller und im schlimmsten Fall mit Angriff – je nachdem, ob ihnen Fluchtwege in Reichweite erscheinen oder nicht. *Kuh* steht auch hier für *Rind* und darüber hinaus für viele andere Herdentiere, denn Schaf und Büffel reagieren kaum anders. Uns Menschen ist oft nicht bewusst, wie wir auf die Tiere wirken und dass wir Verhaltensweisen, über die wir uns gerade ärgern, oft selbst direkt ausgelöst haben.

Rinder brauchen Zeit, um sich an Unbekanntes zu gewöhnen. Da sie Fluchttiere sind, kann alles, was sie erschreckt, unter Druck setzt oder bedrohlich wirkt, einen Fluchtreflex auslösen, der sie undirigierbar macht. Rinder sind sowohl empfindsame Einzeltiere mit eigenem Charakter als auch Herdentiere im Rahmen einer sozialen Struktur. Wer lernt, ihr typisches Verhalten wahrzunehmen, kann entscheidend zur Arbeitssicherheit im Alltag beitragen, indem er sich – weniger durch Sprache als durch Körperhaltung und Bewegung – so ausdrückt, dass sie ihn verstehen. So ist es grundsätzlich möglich, ohne Hilfsmittel ein Einzeltier oder auch eine ganze Herde in Ruhe (um-) zu treiben.

Aber stattdessen ist der Rinderalltag auf vielen Betrieben auch in Deutschland häufig trauriges Beispiel wenig funktionierender Mensch-Tier-Kommunikation.

Das tierische Verhalten und der Umgang mit Tieren spielen in der universitären Ausbildung der Agrarwissenschaften und der Tiermedizin und auch an Landwirtschaftsschulen nur eine geringe Rolle: Viele Professoren und Lehrer haben selbst gar keine Erfahrungen mit weitgehend artgerecht gehaltenen Tieren. Die Ausbildung ist überwiegend auf die Bedingungen der Stallhaltung beschränkt und darauf, die Tiere technisch zu managen. So kommt besonders der Umgang mit artspezifischen Verhaltensweisen im Freiland zu kurz und die Kuh in den Ruf, *dumm, stur* und *unberechenbar* zu sein.

Die meisten Rinder, die immer oder überwiegend im Freiland gehalten werden, sind den Menschen weniger gewöhnt als etwa Kühe, die täglich zweimal gemolken werden. Es gibt auch Milchviehherden, in deren Alltag Brüllen und Stöcke keine Ausnahme sind. Aber in vielen Freilandhaltungen hat falsches Management verbunden mit zu seltenem Kontakt mit den Tieren deren Ausweichdistanz (Fluchtdistanz) zum Menschen erheblich vergrößert. Wenn sie dann eingefangen werden müssen – zum Beispiel für Impfungen, die jährliche Entnahme von Blutproben oder Behandlungen gegen Parasiten, wird der Stress auf beiden Seiten besonders groß.

Gelungene Mensch-Tier-Kommunikation findet sich meist dort, wo Menschen sich Zeit nehmen, ein *Händchen* für ihre Tiere haben und/oder besondere Empathie vertrauensbildend wirkt. Nach dem Sender-Empfänger-Modell gilt in der Kommunikationstheorie: Der Empfänger entscheidet, wie er eine Botschaft versteht. Das gilt auch für die Mensch-Tier-Kommunikation. Menschen mit viel Intuition, die ihre Tiere in Kleingruppen quasi mit Familienanschluss halten, brauchen sie oft nur zu rufen, damit sie kommen. Aber das sind Ausnahmen, die nicht zur Regel taugen, vor allem, weil es immer auch Situationen gibt, in denen auch Fremde mit ihnen umgehen müssen. Wer Kühe nicht versteht, kann das lernen: Es gilt so zu kommunizieren, dass sie überhaupt eine Chance haben zu verstehen, was von ihnen gewollt ist.

Ein Schlüssel zu vielen Problemen sind unsere Augen. Für Tiere, mit denen wir nicht in schoßhundähnlichem Kontakt sind, wirkt der direkte Blick bedrohlich. Wenden wir die Augen ab, nehmen wir mehr Druck von einem Tier, als wir uns vorstellen können. Deshalb sollten wir in jedem Moment, in dem wir mit Rindern in Kontakt sind, uns darüber bewusst sein, wohin unser Blick fällt. Tatsächlich fällt es uns aber gar nicht so leicht, die Tiere nicht direkt anzuschauen.

Neben dem grundsätzlichen Verständnis für die Tierart ist wichtig, die eigene Herde so intensiv zu beobachten, dass man um ihre Struktur weiß – die Hierarchien kennt. Nicht zu unterschätzen sind Probleme durch die tierische Fluktuation auf Milchviehbetrieben: Hinter dem Fachjargon

Remontierungsrate verbirgt sich, wie hoch der Prozentsatz der Kühe ist, dic jährlich wegen Krankheit und Überforderung ersetzt werden müssen. In Deutschland sind Werte bis zu 40 Prozent keine Ausnahme. Da gleichzeitig das Abgangsalter der Milchkühe mit unter fünf Jahren dramatisch gering ist und in dieser Zeit nur zwei Kälber geboren werden, müssen die Kühe schon nach zwei Milchleistungsperioden in der Herde ersetzt und die Gruppenhierarchie somit sehr häufig neu geklärt werden.[1]

Die damit verbundene Unruhe kann auch für den Menschen zum Risiko werden, zumal er sich immer als das jeweils ranghöchste Lebewesen positionieren muss. Für beides – das Verständnis der Herde und das Betonen der eigenen Position – ist häufiger Kontakt mit den Tieren das wichtigste. Kurz gesagt: den Tieren sagen, wo es lang geht, ihnen dann aber zum Verstehen und Reagieren immer die Zeit geben, die sie brauchen. Und ebenfalls den aus ihrer Sicht nötigen Raum: Je ruhiger und entspannter sie sind, desto kleiner kann er sein. Hingegen dominieren aber oft Schmerz und Zwang und in der Folge gefährliche Verunsicherung.

Dass niemand ein Rind mit seiner Körperkraft zum Halten bringen kann, ist auch heute vielen Menschen bekannt. Aber Jahrzehnte cineastischer Wild-West-Romantik haben inzwischen in vielen Köpfen die Vorstellung verbreitet, wo keine Zäune stehen und keine LKWs verfügbar sind, sei nur *einem* wirkliche Kompetenz zuzutrauen: dem Cowboy im Team mit Pferd und Lasso. Um so faszinierender, dass es in den 1970er Jahren ein Cowboy war, der aus dem Sattel stieg, um die Grundlagen eines effizienteren Managements zum Treiben von Rindern zu lehren: Seitdem demonstriert Bud Williams gelungene Kommunikation zwischen Menschen und Herdentieren unabhängig von der Anzahl Tiere in einer Herde und zwar – *zu Fuß*.[i]

„Wer den inzwischen fast 80jährigen Bud Williams heute für eine Demonstration des *Low Stress Stockmanship* aus den USA herauslocken will, der muss schon mit etwas Exotischem locken. Für ganz normale Rinder, zum Beispiel für solche, die verängstigt sind, nachdem sie für eine notwendige Behandlung in einen Zwangsstand getrieben oder panisch, nachdem sie mit Rodeo-Methoden tagelang gejagt wurden, ist er schon lange nicht mehr zu haben. Aber zum Beispiel kann eine große Elchfarm auch für ihn noch Herausforderungen bieten." Philipp Wenz,

[1] Vgl. zur nachhaltigen Milchviehzucht S. 167ff. *Das Gras wachsen hören.*

Agrarwissenschaftler und Bio-Berater, lockte nicht, sondern ging selbst in die USA. 2006 lernte er dort sechs Monate lang bei Bud Williams und anderen renommierten Vertretern die Methoden des *Low Stress Stockmanship* (LSS). Seitdem lehrt er LSS im deutschsprachigen Raum und vertieft sein Wissen durch regelmäßige Besuche bei diesen ungewöhnlichen Cowboys.[ii]

Stock steht für Nutztierbestand, *man* für Mensch und *ship* ist von Freundschaft (friendship) abgeleitet. LSS bedeutet somit ein freundschaftliches Verhältnis von Mensch und Tier – einen effizienten und sicheren Umgang, wobei so wenig Druck wie nötig ausgeübt werden soll, um die Tiere in eine gewünschte Richtung zu dirigieren. Diese Methode ist mit allen Weidetieren praktizierbar. Sie basiert auf der Körperhaltung, Bewegung und Positionierung des Menschen. Die überraschende Erkenntnis: LSS ist ein Handwerk, es gibt ein Rezept, denn es liegen Fakten zu Grunde. Der Erfolgsfaktor liegt darin, genau in dem Augenblick den Druck zu reduzieren, in dem ein Tier auf den Impuls des Menschen reagiert – und somit Stress von ihm zu nehmen. Anders ausgedrückt: Die Tiere werden mit Druckentzug unmittelbar für eine gute Reaktion belohnt.

Wer wirklich will, kann dieses Handwerk lernen. Das beginnt mit anatomischen Fakten, denn Rinder nehmen ihre Umwelt anders wahr als der Mensch. Ihr Sichtfeld ist erheblich größer als das des Menschen, sie können aber nur auf geringe Distanz scharf sehen. Deshalb wird Entfernteres erst mal zum undefinierbaren Schatten. Auch deshalb können sie verunsichert werden, wenn ein Mensch hinter ihrem Körper im blinden Fleck verschwindet, und sie erschrecken, wenn er dann zur gleichen oder der anderen Seite wieder auftaucht. Ihr Sehfeld unterscheidet sich von dem des Menschen, weil ihre Augen etwas seitlich im Schädel liegen; deshalb haben sie – wenn auch unscharf – immer im Blick, was sich an ihren Längsseiten tut.

So können sie auf der Weide einen Menschen häufig schon lange wahrnehmen, bevor dieser sich bemerkt fühlt: Bei Rindern, die eine bestimmte Ausweichdistanz zum Menschen einhalten wollen, hält dann irgendwann das aufmerksamste Tier einer Herde mit dem Grasen inne und verharrt, – häufig hebt es seinen Kopf dann nur ein paar Zentimeter über die Gräser. Stuft es den Anlass als unbedeutend ein, wird es kurz darauf weiter grasen, was dann auch alle anderen als entscheidendes Signal werten, ihrerseits gelassen mit dem Fressen fortzufahren. Bleiben für das Wache haltende Tier Fragen offen, hebt es seinen Kopf häufig noch ein wenig höher, um besser sehen zu können, gefolgt von anderen nun ebenfalls aufmerksam gewordenen Herdengenossen. Löst der Mensch, dem die Fragen der Tiere gelten, Verunsicherung aus, setzt sich die Herde letztlich in Bewegung um auszuweichen – außer in Ausnahmesituationen immer so, dass sich der Abstand zum *Verunsicherer* dabei vergrößert.

Diese kleine Sequenz enthält das Basisverständnis für die weitere Kommunikation, lautet doch die Antwort auf die Frage, warum die Tiere weggehen, dass ihnen der Mensch aus ihrer Perspektive *zu nah* gekommen war. Das gilt zwar nur für diejenigen Tiere, deren Ausweichdistanz am größten ist, aber wenn sie eine kritische Masse erreichen, können sie mit ihrer Dynamik die gesamte Herde bewegen. Frage und Antwort sind simpel und komplex zugleich, denn sie ermöglichen jedem Menschen, früh genug zu erkennen, ab wann dieses *zu nah* erreicht sein könnte. *Zu nah* bedeutet Stress, und dem weichen die Tiere aus, in der Regel, indem sie sich entfernen – oft reichen ihnen ein paar Schritte.

Wenn die Tiere stehen bleiben sollen, werden Menschen, die ihrerseits aufmerksam bzw. geschult genug sind, zum Zeitpunkt *X* ebenfalls stehen bleiben, *bevor* das *zu nah* erreicht ist, und der Herde auf jeden Fall in dieser Situation nicht näher kommen. Wer das erste Innehalten des Wächtertieres bemerkt, wird gegebenenfalls sogar ein paar Schritte zurückgehen, um mit diesem deutlichen Signal weiteren Druck von den Tieren zu nehmen, wenn bei ihnen schon Impulse für eine Fortbewegung erkennbar werden.

Im Erkennen der Ausweichdistanz liegt ein Schlüssel für den Umgang mit Weidetieren. Sie bildet ein Oval um das Tier herum. Außerhalb liegt ein quasi neutraler Wahrnehmungsbereich. Durch den Wechsel aus Annähern, Stehenbleiben und Zurücktreten lässt sich die Ausweichdistanz sukzessive verringern. In den meisten Fällen liegt das Ziel menschlicher Aktionen darin, dass Tiere statt stehen zu bleiben in eine bestimmte Richtung gehen. Beim *Low Stress Stockmanship* liegt im Wissen um das *zu nah* und in der Erfahrung, es vorab zu erkennen, im wahrsten Sinne des Wortes die Voraussetzung für den nächsten Kommunikations*schritt*.

So erklärt sich auch, warum die Methode nicht *no stress,* sondern *low stress* heißt. Um einzelne Tiere einer Herde oder eine gesamte Herde zur Bewegung zu veranlassen, bedarf es somit einer minimalen (Stress-)

Dosis durch dieses *zu nah* – quasi ein Berühren der Tiere am Rand des Raumes, innerhalb dessen sie ihre *Ausweichdistanz* als überschritten empfinden und den die Menschen als *Druckzone* nutzen können, um Bewegungen gezielt auszulösen. Neben der Dosis ist der Winkel entscheidend, aus dem Druck ausgeübt wird. Auch dafür gibt es Verhaltensregeln.

Geht man beispielsweise in einem 45-Grad-Winkel von vorne oder hinten ruhig auf die Schulter eines Rindes zu, das quer vor einem steht und geradeaus schaut, wird es auch nach vorne ausweichen. Der Grund liegt in der folgenden Regel: Rinder gehen immer in die Richtung, in die sie schauen. Entscheidend ist somit das Wissen darum, dass Rinder nicht *irgendwann irgendetwas* tun. Sie agieren nicht beliebig, sondern reagieren exakt auf den menschlichen Auslöser. Das ist die Lektion, die wir Menschen lernen müssen und lernen können.

Zu den wichtigsten Grundregeln für das Treiben einer Herde oder eines einzelnen Tieres gehört, dass sie sehen wollen, wer sie treibt. Sehen sie den Treiber nicht, wenden sich häufig einzelne zu ihm, wodurch der Herdenzusammenhang zerfällt und die Möglichkeit, die Tiere zu dirigieren, verloren geht. „Acht Angusbullen und ein Mann bewegen sich gemächlich über die Weide, zweimal außenrum, dann mehrfach in das Gatter mittendrin. Das alles im Schritttempo“, beschrieb ein Teilnehmer das Geschehen anlässlich einer LSS-Demonstration mit Philipp Wenz so korrekt wie undramatisch. Wilde Jagd ist keine Kunst. Das Besondere liegt im Unspektakulären. Was hier aussieht wie ein Spaziergang, ist konzentriertes Agieren mit den Tieren, um zu beeinflussen, ob, wann und wohin sie gehen.

Im so ruhigen wie gezielten Zickzack über eine Weide zu gehen, diese Arbeit sieht entsprechend auch auf Fotos und in Videos fast langweilig aus. Deshalb sind Menschen, die zuvor gar nichts mit Rindern zu tun hatten, mit LSS-Vorführungen wenig zu beeindrucken. Sie können nicht wissen, dass die jetzt ruhig vor ihnen stehende oder gehende Herde ihren Betreuern vielleicht noch gestern gefährlich werden konnte. Ganz anders reagieren diejenigen, die ihr vor kurzem noch wie so oft außer Atem hinterher gestürmt sind: Sie staunen meistens, dass das wirklich ihre Tiere sind, die nun nicht mehr chaotisch über die Weide laufen, sondern ruhig durch ein Gatter gehen.

Philipp Wenz: „Genau diese Ruhe ist es, die mich fasziniert, seit ich 2003 bei einem USA-Aufenthalt zum ersten Mal Tiere und Menschen beim LSS beobachtet habe. Bei uns ist immer noch der Glaube verbreitet, wir müssten nur immer mehr Druck machen, um dic Tiere zu etwas zu zwingen. Die Tiere kommunizieren permanent mit uns, wir müssen diese Signale erkennen lernen und entsprechend reagieren. Bewegungsimpulse müssen so dosiert gegeben werden, dass die Tiere sich ruhig – im Schritt – in Bewegung setzen und in die gewünschte Richtung lenken lassen."

Lenken ist hier immer indirekt gemeint, denn die Impulse sollen die Tiere veranlassen, auszuweichen – genau in die von uns gewünschte Richtung. Unmittelbar, wenn ein Tier tut, was von ihm gewünscht wird, muss der Druck nachlassen, um ihm damit zu signalisieren, dass es – mit seinem Ausweichverhalten – die gewünschte Reaktion zeigt. Wenn sich das Tier bewegt, aber aus Sicht des Menschen in die *falsche* Richtung, dann gibt es dafür fast immer nur einen Grund: Unser Signal war falsch, nicht die tierische Reaktion!

Als größte Herausforderung der letzten Zeit nennt Philipp Wenz circa 40 Heckrinder, die er aus einem 170 Hektar großen Hutewald heraustreiben sollte. Dort hatten sie durch eine Betreuung *auf Distanz* den Kontakt zum Menschen verloren: „Den ersten Tag habe ich allein zwei Stunden mit der Suche nach den Tieren im Wald verbracht, denn sie waren inzwischen ähnlich scheu wie Wild. Aber bereits am zweiten Tag haben sie mich soweit akzeptiert, dass sie sich auf eine etwa fünf Hektar große Weide treiben und dort halten ließen. Am dritten Tag waren sie das erste Mal im Korral. In den vorangehenden Jahren waren die Rinder betäubt worden, nun reichten drei Personen, um Blutproben zu nehmen, zu entwurmen und zu impfen. Nicht zu vergessen, die eigentliche Aktion dauerte so für die Tiere und auch für die Menschen viel kürzer."

Oftmals, wenn sie Tiere unter Druck setzen, nehmen Menschen deren Stress aber gar nicht wahr oder zumindest nicht ernst, selbst wenn er extrem ist: Anzeichen wie hervortretende Augäpfel, hoch erhobener Kopf, erhöhte Atemfrequenz oder enges Zusammenrotten auf kleinstem Raum werden dann als normal erachtet und oft nicht als Warnung erkannt. Dabei können die Folgen von Stress gerade bei Weidehaltung zu einer erhöhten Verletzungsgefahr für Mensch und Tier führen.[iii] Wer nach dem Motto *Zeit ist Geld* Druck macht, irrt, weil er weder das erhöhte Risiko noch Zeit und Kosten für Reparaturen von beschädigten Zäunen oder Toren kalkuliert.

Ob es sich um eine Herde handelt, die gestern wirklich noch als unberechenbar gefährlich einzustufen war oder um einzelne Tiere, die im täglichen Stress mit ihren Haltern wieder und wieder die äußerste Ecke der Weide aufsuchen, so dass sich das Melken jedes Mal verzögert oder um das – auch aus Sicht vieler Tierärzte – unvermeidliche Rodeo, wenn Robustrinder, die nur die Freiheit der Weide kennen, geimpft werden sollen, die notwendige Antwort ist immer die gleiche: Menschen müssen mit Ruhe, Geduld und eindeutigen Bewegungen das Vertrauen der Tiere gewinnen. Je berechenbarer wir aus Sicht der Rinder sind, desto berechenbarer werden sie für uns.

Weil so viele, die mit Rindern umgehen, nicht wissen, wie sie *ticken* und dann für ihre Rinder unberechenbar sind, weil sie in einer für die Tiere unbekannten Sprache kommunizieren, hat Philipp Wenz seit 2006 zahlreiche Kurse für Betriebsleiter durchgeführt: „Leider sind lautes Brüllen und Stöcke immer noch verbreitet; dabei mögen Rinder noch nicht mal, wenn man hektisch mit den Armen wedelt. Wer ihnen in den Weg springt, um sie zu stoppen, wird sie bestenfalls beschleunigen, im schlimmsten Fall aber überrannt werden."

Verletzungen mit Rindern sind häufig und können im Einzelfall zur Berufsunfähigkeit führen. Deshalb bietet inzwischen auch die *Land- und forstwirtschaftliche Berufsgenossenschaft Franken und Oberbayern* im Rahmen ihrer Präventionsangebote Fortbildungen zum *Low Stress Stockmanship*. Für Wolfgang Schatz, den Aufsichtsbeamten mit dem Schwerpunkt Rinderhaltung, liegt ein Schlüssel zu mehr Arbeitssicherheit im Verständnis für das natürliche Verhalten von Rindern – und den richtigen Aktionen und Reaktionen der Tierbetreuer: „Jährlich ereignen sich allein in Oberfranken und Oberbayern etwa 2.000 Unfälle in Zusammenhang mit Großtieren, viele davon mit schwerwiegendem oder sogar tödlichem Ausgang. Am häufigsten sind Stress und Hektik im Umgang mit den Tieren die Ursache." Wolfgang Schatz nennt auch den anderen Ursachenkomplex – mangelndes Verständnis bedingt durch technikbedingte Entfremdung zwischen Mensch und Tier: „Außerdem besteht oft durch die zunehmende Technisierung in der Landwirtschaft kein so enger Kontakt mehr zwischen Mensch und Tier, der Mensch ist quasi kein Herdenmitglied mehr."[iv]

Der verbreitete Trugschluss: Mit Druck und Stress schneller zum Ziel. Die in Wahrheit schnellste und sicherste Lösung: Nicht versuchen, die Tiere zu *zwingen*, etwas zu tun, sondern die Tiere tun *lassen*, was wir von ihnen wollen. Philipp Wenz: „Und dazu müssen wir den Rindern die Zeit geben, die sie brauchen."

Kapitel 16

„Ekkehard ist der Schafmann, und ich bin die Rinderfrau."

Die Farm *Springbockvley* liegt am Rande der Kalahari, 180 Kilometer südöstlich der namibischen Hauptstadt Windhoek. Dort leben Ekkehard Külbs, Judith Isele, fünf Angestellte mit ihren Familien und bis zu 700 einheimische Nguni-Rinder, bis zu 5.000 ebenfalls einheimische Damara-Schafe, das Wild sowie einige Hühner, Pferde, Hunde und Katzen. Die 9.500 Hektar große Farm ist mit fest installierten Stahldrahtzäunen in 60 Koppeln unterteilt. Jeder dieser so genannten Kamps ist zwischen 150 und 180 Hektar groß. Der Arbeitstag beginnt jeden Morgen genau dann, wenn die Sonne am Horizont erscheint, da die Arbeit mit den Schafen wegen der Hitze am besten so früh wie möglich am Tag geschieht. Tatsächlich ist das Farmgelände so eben, dass man rund ums Jahr jeden Sonnenauf- und jeden Sonnenuntergang sehen kann.

Ekkehard Külbs ist auf *Springbockvley* geboren. Seine Eltern hatten die Farm 1959 gekauft. Wie viele Kinder deutschstämmiger Farmer studierte er nach dem Abitur in Deutschland Landwirtschaft. Anschließend arbeitete er einige Jahre als Berater und übernahm *Springbockvley* 1989 nach dem unerwartet frühen Tod seines Vaters. Seit 2004 bewirtschaftet er die Farm zusammen mit seiner Frau. Die gebürtige Schwäbin Judith Isele hatte zuvor in Witzenhausen Ökologische Landwirtschaft studiert und in Namibia ihre Diplomarbeit zu Aspekten der Nachhaltigkeit in der Rinderzucht geschrieben.

Die Schafe und Rinder der Farm leben ganzjährig draußen und ernähren sich den Großteil des Jahres von abgetrockneten Pflanzen – dem *Heu auf dem Halm*.[i] Frisches Grün gibt es für die Tiere nur während und kurz nach der jährlichen Regenzeit. Der durchschnittliche Jahresniederschlag liegt bei 250 Millimeter (Deutschland: 770 Millimeter). Neben der Menge entscheidet die Verteilung des Regens über das Pflanzenwachstum. Fällt der Regen nur innerhalb weniger Wochen, gibt es manchmal nicht mehr genug Restfeuchtigkeit, so dass die Gräser nicht zur Blüte kommen oder die Samen nicht keimen können.

Ekkehard Külbs: „Möglich, aber extrem unsicher, sind Niederschläge schon im Oktober oder November. Mit einer mehr oder weniger verlässlichen Hauptregenzeit rechnen wir in den Sommermonaten Januar bis März. Spätestens ab Anfang Juni bis häufig tief in den Januar hinein ist es bei uns in der Regel trocken. Es ist ja eine Binsenweisheit, dass dem Zufall überlassen ist, wann wo wie viel Regen fällt. Umso wichtiger wird alles, was wir durch unser Weidemanagement beeinflussen können. Wir versuchen, die Effizienz des gefallenen Regens und damit das Wachstum der Tiere und Pflanzen zu optimieren."

Judith Isele: „Wir halten unsere Damara-Schafe und Nguni-Rinder in gemischten Herden. Die Weideplanung nimmt im Büro neben der Finanz- und Betriebsplanung sowie der Dokumentation den größten Raum ein. Und in der Praxis sowieso, denn wir müssen Weide, Boden und Tiere ständig beobachten und dann daraus die gegebenenfalls notwendigen Anpassungen im Beweidungszyklus ableiten. Das klingt auch schon wieder so simpel. Aber in dieser permanenten Überprüfung der theoretischen Annahmen liegt der Kern des Erfolgs. Ich bin durch mein Ökolandbaustudium besser darauf vorbereitet als Ekkehard, der ja ganz konventionell Landwirtschaft studiert hat. Aber letztlich lernen wir gemeinsam durch tägliche Erfahrung, was es heißt, die Theorie der Praxis anzupassen statt umgekehrt."

Ekkehard Külbs: „Damit zählen wir hier zusammen mit unseren Freunden vom *Holistic Management* zu den Exoten. Ich gehe so weit zu sagen, dass das meiste Land hier in Namibia ohne fundierte Grundkenntnisse in die Zusammenhänge von Boden, Weidetieren und Pflanzenwachstum bewirtschaftet wird. Entscheidungen basieren nur zu oft lediglich auf althergebrachten Farmerregeln und -ratschlägen."

Land zu besitzen und eine Farm zu betreiben, ist ein weit verbreiteter Traum, der in Namibia als Begründung und Triebfeder der Landreform wirkt. Aber nur die wenigsten können ihn sich erfüllen, zumal die Preise für Farmland infolge der Reform in den letzten Jahren stark gestiegen sind. Überwiegend finanzstarke Unternehmer leisten sich eine Farm als Geldanlage und Hobby – quasi nebenher und entsprechend ihrem Selbstverständnis, Profis im Wirtschaften zu sein.

Ekkehard Külbs: „Leider fehlt diesen Städtern und auch den meisten *emerging farmers* oft völlig der Bezug zu tieferen Einsichten und neueren Erkenntnissen.[ii] Aber die bleiben auch langjährig eingesessenen Farmern verschlossen, wenn sie ebenfalls überwiegend in dem Glauben wirtschaften, schon alles zu wissen nach dem Motto: Neues gibt es nicht zu lernen, jedenfalls nicht solches, das die Konventionen in Frage stellt.“

Während eine dicke Bodenkrume und synthetischer Dünger in gemäßigten Klimazonen lange über Bodenschwund und Erosion hinwegtäuschen können, offenbarten die klimatischen und geologischen Gegebenheiten im südlichen Afrika schon früh die Grenzen nicht standortangepasster Viehhaltung. Aus heutiger europäischer Sicht eine Chance, sich mit der Notwendigkeit nachhaltiger Bewirtschaftung auseinander zu setzen, die aber nur wenige genutzt haben: Der Wildhüter und Biologe Allan Savory hatte seit 1980 im damaligen Rhodesien Konzepte für nachhaltige Beweidung erprobt und daraus letztlich das *Holistic Management* entwickelt, das weit mehr beinhaltet als das Management biologischer Ressourcen.[1]

Seinen ersten Kursus in *Holistic Management* absolvierte Ekkehard Külbs 1990: „Durch Allan Savory bin ich damals auf diese *Ganzheit* aufmerksam geworden. Es geht um den Zusammenhang – die untrennbare gegenseitige Abhängigkeit – von Mensch, Natur und Wirtschaft, also nicht nur ökologische, sondern auch ökonomische und soziale und letztlich auch emotionale Aspekte. Es ist ja kein Zufall, dass Judith und ich uns viele Jahre später auf einer Versammlung des namibischen *Holistic Management*-Vereins kennengelernt haben. *Springbockvley* können wir heute nur deshalb nach den *Holistic-Management*-Prinzipien bewirtschaften, weil wir beide zusammen versuchen, danach zu leben und zu entscheiden.“

Die Weide ist zwar auch nur ein Teil des Ganzen, aber sie verkörpert die ökologische Basis der Farm. Welches Gras wo wie wächst und schmeckt, hängt wesentlich von den jeweiligen Böden, von der Menge und zeitlichen Verteilung des Niederschlages sowie vom Beweidungsmanagement ab. Dabei setzt die Farm *Springbockvley* auf Mischbeweidung mit heimischen Rassen, da sie sich nur teilweise in der Wahl ihres Futters überschneiden.

[1] Vgl. S. 35ff. *Globale Landschaftsgärtner – Wir brauchen die Kuh.*

Die Nguni-Rinder[iii] fressen sowohl von mehrjährigen und auch gröberen Gräsern als auch von einjährigen Grasarten. Sie beweiden die Blätter und Stängel unabhängig davon, wie hoch diese gewachsen sind. Zusätzlich zählt Busch zu ihrem Nahrungsspektrum – aber nur in geringer Menge, solange sich Alternativen bieten. Die Damara-Schafe bevorzugen hingegen neben Kräutern verschiedenes Pflanzenmaterial vom Busch – Blüten, Blätter und Schoten. Im Gegensatz zu den Rindern fressen sie keine Stängel, sondern wählen von den Gräsern nur Blütenstand und Blätter.

Judith Isele: „Selbst wenn wir voll mit Rindern bestockt wären und sie alles rindertaugliche Futter auch fressen würden, hätten wir immer noch Futter für Schafe. Denn alles, was nicht auf dem Speiseplan der Rinder steht, bliebe ja ungenutzt – umgekehrt genauso. Dieser ergänzende Effekt der Mischbeweidung ist bei uns besonders ausgeprägt, weil es für Damara-Schafe rassespezifisch ist, dass sie zu über 60 Prozent von Busch leben können und wollen. Andere Rassen, wie zum Beispiel das hier sehr verbreitete Dorperschaf, sind eher Grasfresser und somit mehr Nahrungskonkurrenten als Ergänzung zum Rind. Entscheidend ist, wie wir es schaffen, dass die Beweidung möglichst gleichmäßig erfolgt. Auch dafür bieten uns die Damaras einen Vorteil, weil sie im Pulk weiden, während die Dorper sich verstreuen."

Ekkehard Külbs: „Allan Savory hat sich damals durch Beobachtung der Gnus und anderer Antilopenarten die Co-Evolution zwischen großen Wiederkäuern und Gräsern vergegenwärtigt: Über Jahrtausende zogen Herden über die Grassteppen. Tausende Tiere grasten, trampelten, hinterließen ihren Dung und kamen erst Monate später zurück. Es ist Savorys Verdienst, dass er die Bedeutung dieser Einflüsse erkannt hat, einschließlich der *Pause* und dass die Tiere immer im *Pulk* agierten. Daraus hat er Konsequenzen für die Tierhaltung auf den Farmen abgeleitet – Stichwort: *Herdeneffekt*."

In Nationalparks, wo Raubtiere auch heute noch ihre wandernde Beute quasi begleiten, herrscht ein eingespieltes Nebeneinander.[2] Die (Beute-) Tiere ziehen, um sich zu schützen, in riesigen Herden. Die Beweidungsdauer ist nur kurz, aber die Tiere grasen, trampeln und düngen flächendeckend und intensiv. Als Methode der Wahl, um diesen *Herdeneffekt* zu

[2] Geparden und Leoparden sind auch heute noch in Namibia heimisch. Hausrinder und -schafe fallen ihnen nur ausnahmsweise zum Opfer.

erzielen, ist im Rahmen des *Holistic Management* die kurzfristige Haltung großer Herden auf im Verhältnis relativ kleinen Flächen entwickelt worden.

Ekkehard Külbs: „Das Weideland ist ja im Südlichen Afrika nie chemisch gedüngt worden, deshalb wird der Kreislauf bei uns besonders gut sichtbar: Die Futtermenge bestimmt den Kot und damit den Dünger. Da klang es auch für meine Ohren anfangs ziemlich nach *Kunststück*, wie es gelingen soll, auf den vorhandenen Farmflächen mehr Tiere zu halten, um dann mit mehr tierischem Dünger letztlich mehr Pflanzenwachstum zu erzeugen.“

Judith Isele: „Das war für mich natürlich genauso. Aber ich hatte den großen Vorteil, dass ich erst später nach Springbockvley kam, wo Ekkehard mir dann 2003 schon Ergebnisse aus 14 Jahren zeigen konnte, die sich auch in den Büchern nachvollziehen lassen: 1989 lebten 250 Simmentaler-Rinder und 3.000 Karakul-Schafe auf der Farm. 2010 sind es 700 Nguni-Rinder und 5.000 Damara-Schafe. Heute versuchen wir, die erreichte Produktivität zu halten, indem wir weiterhin mehrere Ziele gleichzeitig verfolgen: Überweidung genauso wie Überruhung der mehrjährigen Gräser soweit möglich minimieren, indem viele Tiere in kurzer Zeit im Optimalfall alle Pflanzen einmal beweiden und den mehrjährigen Pflanzen anschließend genügend Regenerationszeit geben, damit bis zur nächsten Beweidungsphase sämtliche Gräser und Wurzeln wieder zu ihrer vollen Kapazität ausgewachsen sind. Außerdem brechen wir mit den kurzen Beweidungszyklen und langen Ruhephasen den Lebenszyklus innerer und äußerer Parasiten, was zur Folge hat, dass wir weder Rinder noch Schafe routinemäßig gegen Zecken, Würmer oder Fliegen behandeln müssen.“

Ekkehard Külbs: „Auch wenn hier in Namibia andere Bedingungen herrschen und die Photosynthese bei unseren (C4-)Gräsern etwas anders verläuft als bei europäischen (C3-)Gräsern, die Notwendigkeit einer *Pause* ist die gleiche. *Nur* das notwendige Beweidungsmanagement unterscheidet sich von Standort zu Standort und von Jahreszeit zu Jahreszeit. Und dieses *nur* ist der wesentliche Pfeiler des Erfolges: Unsere Lebensgrundlage von Jahr zu Jahr immer wieder neu zu identifizieren, ist quasi unsere Lebensaufgabe – zumindest lebenslange Aufgabe als Farmer ...“

Um die Photosynthese – die Nutzung der Sonnenenergie zur Bildung weiterer Biomasse – in Gang zu setzen, müssen Pflanzen bereits eine bestimmte Menge Grün gebildet haben. Die in dieser *kritischen Masse* vorhandene Energie reicht dann quasi als Initialenergie zum Wachstum. Nach der Beweidung haben Gräser aber meistens nicht mehr genügend Blattgrün zum Start der Photosynthese, deshalb holen sie sich die Energie zunächst aus ihren eigenen Wurzeln, indem sie einen Teil davon abbauen. Anschließend können die Gräser via Photosynthese wieder Biomasse bilden – Pflanzengrün und Wurzeln.

Ekkehard Külbs: „Frisches Grün schmeckt bekanntlich für viele Tiere lecker. Werden die Gräser aber überweidet, das heißt wiederholt beweidet, bevor die Wurzeln im Boden den Status von vor der letzten Beweidung erreicht haben, verringert sich die Wurzelmasse. Deshalb schwächt wiederholtes Abfressen vor der vollständigen Stärkung der Wurzeln die Gräser. Das heißt, wir wollen dem Grünland so viel Zeit lassen, dass es mindestens den Ausgangsstand wieder erreicht, besser ist, dass die Wurzelmasse gemehrt wird, damit sie dann von den Bodenlebewesen weiter zu Humus verdaut werden kann.“

Heute zeigt die ausgeklügelte Organisation des Weideplans auf *Springbockvley*, wie dem Zufall überall da zuvor gekommen werden soll, wo die Multifunktionalität der Ökosysteme genutzt werden kann, ohne die eigene – menschliche – Leistungsfähigkeit zu überfordern. Damit die *Pausen* so lang wie möglich sind, müssen übers Jahr pro Herde möglichst viele Kamps verfügbar sein; nur dadurch ist es möglich, gleichzeitig auch die Beweidungszeiten kurz zu halten. Das erfordert große Herden, weil sonst die Trampeleffekte nicht flächendeckend wirksam werden können. Das theoretische Extrem wäre eine einzige riesige Herde.

Ekkehard Külbs: „Gut wären 500 Rinder und alle unsere Schafe zusammen in einer Herde. Der Engpass liegt nicht im Handling der Tiere, denn wir können durch *Low Stress Livestock Handling* inzwischen auch mit sehr großen Tierzahlen agieren.[3] Anfangs haben wir nie mit mehr als 800 oder 900 Schafen hantiert, jetzt erreichen wir in der Lammzeit leicht 2.000 Schafe und mehr pro Herde und bis zu 300 Rinder. Grenzen setzt die Zeit: Je weniger und größer die Herden, desto häufiger müssen wir in den nächsten Kamp umtreiben. Auch die Technik setzt Grenzen: zum Beispiel unsere mit Windrädern betriebenen Wasserpumpen. Bei wesentlich mehr Tieren kann die Wasserversorgung bei Windstille kritisch werden.“

[3] *Low Stress Livestock Handling* LSLH ist synonym zu *Low Stress Stockmanship* LSS. Vgl. S. 125ff. *„Den Rindern die Zeit geben, die sie brauchen.“*

Seit 1997 sind auf Springbockvley über 600 Nguni-Rinder und über 4.000 Damara-Schafe auf nur vier gemischte Herden aufgeteilt, so dass bis auf das sich frei bewegende Wild immer nur vier Kamps zur gleichen Zeit beweidet werden. Judith Isele: „Und da beginnt das Feintuning, das unseren Alltag ganz wesentlich bestimmt. In den Kamps weiden 150 bis 300 Rinder zusammen mit 1.000 bis 2.000 Schafen. Wir streben Ruhezeiten von circa 100 bis 160 Tagen an, bis derselbe Kamp wieder beweidet wird. Bei zwei Beweidungszyklen pro Jahr dauern die beiden Weideperioden dann jeweils zwischen sieben und zwölf Tagen. Die Weideperioden sind die eigentliche Unbekannte – abhängig von den Variablen Kampgröße bzw. der dort verfügbaren Futtermenge und -qualität sowie Wachstumsphase der Pflanzen und Tiere.“

Judith Isele kam 2003 mit einem ganz anderen Bild im Kopf nach Namibia: „Seit meinen Praktika auf Bio-Betrieben in Deutschland hieß die Maxime für mich: Je geringer der Tierbesatz, desto extensiver, desto besser. Hohe Viehdichten hatte ich mir überhaupt nicht unter nachhaltiger Weidewirtschaft in Namibia vorgestellt. Aber dann hat es mich fasziniert, als ich die Bedeutung der *Pause* für die Regeneration der Pflanzen begriff. Dass die nur kurze Zeit, die dann für die Beweidung verbleibt, große Herden erfordert, ergibt sich dann ja zwangsläufig. Viele, viele Mäuler und ganz viele Klauen, um eine möglichst gleichmäßige Beweidung und Verteilung des Dungs sowie eine gleichmäßige und intensive Bodenbearbeitung zu gewährleisten. Aber die Umsetzung ... Ich empfinde es als grandiose Chance und Herausforderung, mit Ekkehard und unserer *Holistic-Management*-Gruppe hier in Namibia daran arbeiten zu können. Im Sinne des *Holistic Managements* sind Betriebsplanung, Weidebewirtschaftung und die Arbeit mit Vieh keine Tätigkeit, sondern eine *Lebensart*. Generell muss natürlich die wissenschaftliche Erforschung der Humusbildung im Grünland in verschiedenen Böden und Klimaten endlich auch im Rahmen der Klimadebatte mit großem Ernst gefördert werden – Stichwort: Beweidungsmanagement.“

Je höher die Viehdichten sind, auf desto mehr Pflanzen kann durch Beweidung ein Wachstumsimpuls wirken. Genügend Feuchtigkeit vorausgesetzt, liegt darin die Voraussetzung für eine möglichst geschlossene Grasnarbe, die wiederum Feuchtigkeitsverluste bei sengender Sonne sowie Erosion und Denitrifikation, den Abbau von Stickstoff, minimieren kann. Da sie aber im semi-ariden Klima Namibias nie so dicht wird, wie das beispielsweise in Mitteleuropa möglich ist, besteht ein weiterer

Low Stress Livestock Handling (LSLH)

Ekkehard Külbs: „Früher erlebten wir es so: Die Herden flüchteten ohne Ziel immer nur von uns weg. Die versuchte Lösung: Die Herde zu viert oder fünft – je mehr desto besser – mit lautem Gebrüll und Arme schwenkend anzutreiben. Meist folgte daraus ein zufallsgetriebener Gewaltakt. Viel Stress auf beiden Seiten. Immer das Gleiche: Die Tiere flüchteten angstvoll vor uns, den doch eigentlich wohlmeinenden Hirten ...

Aber der Kardinalfehler war eben auch immer der Gleiche: Ob Schaf, ob Rind – wir haben von hinten getrieben. So waren uns die hintersten Tiere schutzlos ausgeliefert. Denn der Fluchtweg vor ihnen war ihnen ja versperrt – durch die gesamte übrige Herde. So schoben die Hintersten (Erschrockenen) die Vorderen, die nun panikbesessen ihrem Instinkt folgend in der Herde ihre Sicherheit suchten vor möglichen Angriffen der nach ihrer Wahrnehmung berserkerhaft agierenden Hirten – ein Chaos, in dem es nicht selten verletzte Tiere gab.

Heute ist es mir wirklich unvorstellbar geworden, dass auch ich immer so gearbeitet habe, dass wir alle so lange beinahe blind waren: Wir haben bei den Tieren laufend Angst und Panik erzeugt, sie haben uns als Raubtiere wahrgenommen, und wir wunderten uns, dass besonders die Schafe wild und unhantierbar waren, sobald wir etwas von ihnen wollten.

Heute wissen wir, dass wir *mit* ihnen arbeiten können und müssen und nicht mehr *gegen* sie. Nun bereitet es uns tiefe Befriedigung, unsere Erfahrungen weiterzugeben. Seit 2008 geben wir Kurse auf anderen Farmen. Wie toll stehen wir nun da, wenn unsere Vorhersage zuverlässig wahr wird: Ihr werdet sehen, es ist so viel einfacher, die Tiere zu bewegen, es wird so viel ruhiger, gerade auch da, wo es eng wird, und es wird alles so viel schneller gehen, obwohl wir uns mit den Tieren scheinbar so langsam bewegen. Viele, viele Jahre Viehtreiberei und Raubtiergehabe – wir waren nichts als eine Bedrohung für die unverstandenen Tiere, jetzt sind wir wohl die besseren Hirten geworden ... Vielleicht nutzen wir *Low Stress Livestock Handling* eines Tages bei uns auf der Farm nicht nur um Treiben von Kamp zu Kamp, sondern um tagsüber durchgehend zu hüten und so technische Engpässe zu managen – wer weiß?“

erwünschter Effekt darin, dass altes Pflanzenmaterial herunter getrampelt wird, das dann den Boden zum Schutz vor Austrocknung bedeckt.

Judith Isele: „Feuchtigkeitsverluste vermeiden ist das eine, die vorhandene Luftfeuchtigkeit nutzen, das andere. Ich habe gelernt, wie betonhart der Boden hier werden kann, auch ohne dass er wie in Deutschland mit tonnenschweren Maschinen befahren wird – fast undurchdringbar für Käfer und Würmer. Rinderklauen brechen den Boden auf und treten eher gröbere Pflanzen herunter. Die Schafe übernehmen dann quasi die Feinarbeit, wenn Hunderte mit jeweils viermal zwei kleinen Klauen einen Kamp bearbeiten. Nach einer Trippel-Behandlung durch die Klauen ist der Oberboden aufgebröselt, gelockert und umgewühlt. Die vergrößerte Oberfläche der Erdkrume erhöht deren Kapazität, Regen sowie Luftfeuchtigkeit aufzunehmen um ein Vielfaches. Dadurch nimmt die Wahrscheinlichkeit zu, dass Grassamen keimen. Gleichzeitig bietet das in den Boden getretene verdorrte Grün – bis dahin unerreichbare – Nahrung für die Bodenlebewesen, die sie zusammen mit dem Dung zu Humus verdauen.“

Um zu lernen, wie die immer größeren Herden mit immer weniger Stress getrieben werden können, luden die südafrikanische *Holistic-Management*-Gruppe in Zusammenarbeit mit der namibischen 2007 erstmals einen Trainer für *Low Stress Livestock Handling* (LSLH) ein.[1] [i] Der US-Amerikaner und Cowboy Guy Glosson hatte bereits in den 1970er Jahren bei dem *Low-Stress*-Pionier Bud Williams gearbeitet und ist zudem zertifizierter Ausbilder für *Holistic Management*. Seit über zehn Jahren gibt er auch außerhalb der USA LSLH-Kurse: „Es freut mich immer, wenn die Leute sich wundern, dass es Cowboys gibt, die ihre Tiere auch zu Fuß und ohne lautes Brüllen treiben. Ganz wichtig ist für mich der Zusammenhang zwischen *Low Stress Livestock Handling* und der Verbesserung von Weideland. Aber selbst unter denen, die inzwischen LSLH anwenden, sind diese möglichen ökologischen Effekte noch weitgehend unbekannt.“

Viele der teilnehmenden Farmer waren seit Kindesbeinen den Umgang mit Schafen und Rindern gewöhnt. Ob Bud Williams, Guy Glosson oder Philipp Wenz – der Tenor der Reaktionen von Rinderhaltern, die die *Low-Stress*-Methode zum ersten Mal erleben, ist immer der gleiche: „Das hätten wir nicht für möglich gehalten! Diese Ruhe ...“

[1] Vergleiche S. 125ff. *„Den Rindern die Zeit geben, die sie brauchen.“*

Ekkehard Külbs: „Ich bin auf der Farm geboren und seit ich mich erinnern kann auch beim Treiben dabei. Dass man so stressarm treiben kann, das habe ich einfach nicht gewusst und nicht einmal geahnt.“

Judith Isele: „Der Kurs mit Guy Glosson hat mich begeistert und mir für den Umgang mit Tieren zusätzlich zu meinem natürlichen Ansatz und Gefühl vor allem wertvolles Handwerkszeug gegeben. Ich hatte schon immer versucht, mit Tieren ruhig und klar zu kommunizieren. Auf diesem Weg bringt mich nun *Low Stress Livestock Handling* wunderbar weiter. Ekkehard kannte ja sein ganzes Leben lang mehr oder weniger nur die konventionelle Umgangsweise. Irgendwie konnte er es zu Anfang gar nicht glauben – ein Riesen-Aha-Erlebnis, was alles möglich ist im Umgang und was alles *nicht* nötig ist ...!! Aber dann hat es nicht lange gedauert: Mit wachsender Sicherheit und immer mehr Vertrauen ins LSLH sprühen wir heute beide oft vor Begeisterung, wenn wir mit den Tieren unsere Arbeit machen.“[ii]

Judith Isele: „Heute unterstützt uns bei der Arbeit mit den Schafen, was uns früher gerade die Probleme bereitet hat – ihr enormer Herdeninstinkt: Wenn die ersten Tiere erst mal laufen, bleiben sie durch LSLH quasi im Fluss. Darin liegt dann auch der größte Unterschied zur Arbeit mit Rindern, wo der Fluss zwar auch existiert, aber in viel geringerem Ausmaß. Anders ausgedrückt: Die Arbeit mit der Rinderherde bleibt bis zu einem gewissen Grad immer die Arbeit mit dem Einzeltier. Die Herde als Gesamtorganismus, als ein Einziges, ist beim Schaf viel deutlicher ausgeprägt. Und genau das Gegenteil ist es, was mich am Rind so sehr anzieht: Es bleibt immer ein bisschen mehr der Kontakt von Mensch und Einzeltier, es bleibt persönlicher, weniger anonym, aber natürlich immer bei gleichzeitig voller Konzentration auf die Gesamtherde. Ekkehard ist der Schafmann, und ich bin die Rinderfrau. Diese klaren Vorlieben beim LSLH haben sich für uns auf Springbockvley herauskristallisiert, sie werden aber auch für Dritte augenscheinlich, wenn wir auf anderen Farmen Kurse geben.“

Kapitel 17
„Vertrauen ist mein Kapital“

Schon zum dritten Mal in einer Stunde betont Sonja Moor, wie wichtig es ihr ist, dass ihre Tiere ihr vertrauen. Das tierische Zutrauen ist ihr Kapital: „Das gilt ja nicht nur für mich, sondern genauso für Dieter und für alle, die mit uns arbeiten oder einfach nur bei den Tieren sind. Wir wollen schließlich, dass Leute über die Weiden spazieren und sehen, wo Fleisch, Mozzarella und Co. herkommen. Nur wenn sie die Tiere als Teil der Landschaft erleben, wissen sie wirklich, wofür genau sie an der Ladentheke eigentlich bezahlen.“

Die Landschaft, um die es hier geht, liegt in der Mark Brandenburg – eben und leicht gewellt, geprägt von gewaltigen Gletschern der Weichseleiszeit vor 70.000 bis 10.000 Jahren. Als sie schmolzen, hinterließ das abfließende Tauwasser Böden, deretwegen das märkische Land immer noch treffend aber wenig schmeichelhaft als *Streusandbüchse* bezeichnet wird.

Auf diesen sehr sandigen Böden wuchs zu Beginn des 20. Jahrhunderts so viel Nadelholz, dass sein Anteil am gesamten Waldbestand 94 Prozent betrug – dominiert von einem hohen Kiefernanteil. 100 Jahre später verbreitet Mono-Forstwirtschaft mit Kiefern vielerorts ein Gefühl von Ödnis. Von den Böden der *Märkischen Streusandbüchse* – von deren Trocken- und Feuchtwiesen, die von Flüssen und Rinnenseen durchzogen sind – erwarten Bewohner ebenso wie Experten von außerhalb meistens nicht allzu viel.

Sonja und Dieter Moor lebten gemeinsam seit sieben Jahren in der Schweiz auf einem kleinen Berghof, bevor sie sich entschlossen, weg von der für sie *eidgenössischen Enge* und deren Bewohnern, die mit ihrer wahren Meinung meistens *hinterm Berg halten würden*, zu den Brandenburgern mit ihrer *preußischen Klarheit* zu ziehen. Sie suchten einen Hof nicht zu weit von Berlin, damit sie weiter ihren Medienberufen nachgehen könnten, mit etwas Land für ihre Enten, Katzen, Hunde, Esel und das Pferd – und später vielleicht mehr.

Nach zwei Jahren war der Hof gefunden, der bis heute ihre Phantasie beflügelt. Ein Teil der Flächen in der Umgebung steht seit der Wende unter Naturschutz. 2003 übersiedelten Moors auf den *Schumannhof*, ließen sich ein auf das weite flache Land östlich von Berlin – und sind damals wie heute fasziniert von den mit der Landwirtschaft verbundenen Möglichkeiten, die es nach ihrer Überzeugung – nicht nur für sie – birgt.

Derweil weist der Landkreis Barnim auf seiner offiziellen Homepage unter *Daten und Fakten* 46,3 Prozent der Fläche als *Wald* und rund 5 Prozent als *Wasser* aus und informiert auch über *die Höhe über Normal Null* – zwischen 0,9 m und 136,3 m. Aber über die Größe und Qualität der landwirtschaftlich nutzbaren Flächen oder über Naturschutzgebiete erfahren Interessierte dort nichts.

Früher waren Schafe in der Kulturlandschaft Brandenburgs *die* Bodenverbesserer und sind vielen Älteren immer noch vertraut, obwohl die in der DDR preisgestützte Wollproduktion mit der Wende auf einen Schlag nichts mehr wert war und seitdem dort wie anderswo der Glaube verbreitet wird, synthetischer Stickstoffdünger könne auf Dauer Bodenfruchtbarkeit ersetzen.

Bei Sonja und Dieter Moor muss die *märkische Streusandbüchse* etwas Existenzielles berührt haben, denn nach nur ein paar Jahren vor Ort entschieden sie, ihre gesammelte Lebenserfahrung fortan auf die Entwicklung einer ganzen Region zu konzentrieren: „Ein riesiger Biotopverbund war in unserer unmittelbaren Umgebung entstanden mit den beiden Naturschutzgebieten, die von Landwirten im Vertragsnaturschutz gepflegt wurden. Das hieß gemäht, denn es gab dort fast keine Weidenutzung. Mit *www.modelldorf-Hirschfelde.de* haben wir das Konzept zur Vision entwickelt und für die Entwicklung dieser Kulturlandschaft auf Schafe und große Wiederkäuer gesetzt."

Das Ziel: Mozzarella und weitere Milchprodukte sowie Fleisch von Wasserbüffeln, Galloways und Co. aus Brandenburg. Die Basis: Gras, Graser und Menschen. Das Motto: *Nirgendwo ist der Himmel so groß wie in Brandenburg*. Das klingt erst mal ziemlich abgehoben. Beide sag(t)en aber auch: „Arbeit macht Arbeit."

Sonja Moor: „Im Rahmen des *Modelldorfs Hirschfelde* entsteht hier in der Region eine Haltergemeinschaft aus Landwirten, die künftig die Pflege der sensiblen Naturschutzgebiete durch Beweidung mit Wasserbüffeln und Galloways gewährleisten. Die Frage lautet also: Wie gelingt es, ansässige Landwirte für ein gemeinsames Produktionskonzept zu gewinnen und dauerhaft einzubinden?! Um die Einstiegsschwelle niedrig zu halten, bauen wir ein tierisches Leasingsystem für die an Kooperation Interessierten auf: Sie übernehmen trächtige Büffel- und Galloway-Kühe aus den *Hirschfelder* Stammherden als Startkapital und haben dann fünf Jahre Zeit für den Aufbau eigener Wirtschaftsherden.“

Robustrinder wie die schwarzen und weißen Galloways sind zwar auf deutschen Weiden immer noch ein Blickfang, gelten aber nicht mehr als Exoten. Hingegen sind die aus Asien stammenden Wasserbüffel in Deutschland noch ungewohnte Ausnahmen. Obwohl sie ursprünglich aus den Tropen stammen, benötigen sie zeitweilig Schutz vor der Sonne. Im Vergleich zu Rindern hat ihre Haut nur ein Sechstel der Schweißdrüsen, auch deshalb ist der Zugang zu einer Suhle essenziell für sie.[i]

Büffel zählen nicht zu den Kindheitserinnerungen von Sonja Moor, die in einer Kleinstadt bei Linz aufgewachsen ist, wohl aber die Nähe zu vielen anderen Tierarten: „Seit ich fünf Jahre alt war, bin ich in den Ferien immer zusammen mit meinem noch kleineren Bruder bei unseren Bauern-Verwandten gewesen. Verantwortung übernehmen für schutzbefohlene Tiere, das war für mein Menschwerden ganz wichtig.“

„Das Größte waren die Ferien – Freiheit pur, und gleichzeitig gehörten wir dann auf dem Hof richtig dazu. Wir waren von früh bis spät unterwegs: Füttern, Wasser geben, Hofhund nicht vergessen, Kühe mit ihren Kälbern zum Melken von der Weide holen, Zäune kontrollieren, Schweine zur Weide treiben und zurück. Das hat geschlaucht, aber es hat uns auch Respekt eingebracht: Vespern zusammen mit den Altvorderen für wackeren Einsatz bei der Heuernte, also quasi auf gleicher Augenhöhe ... Und von den Tieren kam ja sowieso immer was zurück. Mein Bruder und ich wollten richtige Arbeit, statt in der Schule zu hocken: Ferien und Bauernarbeit das war für uns das Gleiche.“

Heute sind für Sonja Moor Alltag und Bauernarbeit das Gleiche: „Im Herbst 2007 ging uns das Herz auf, als unsere ersten Kühe nach Hirschfelde kamen – vier Galloways und als Spende der Umweltorganisation *Pro Natura* aus der Schweiz vier Wasserbüffelinnen. Im Dezember folgten drei Wasserbüffeljungtiere. Sechs der Startkühe waren tragend, so dass wir 2008 die ersten hofeigenen Kälber begrüßt haben.“

Im Sommer 2010 beweiden außer den Eseln und dem Pferd 50 Schafe, 36 Galloway-Rinder und 37 italienische Wasserbüffel die insgesamt 150

Hektar rund um den Schumannhof. Diese Flächen waren nach der Wende für den Naturschutz oder als Bauland vorgesehen, d.h. sie sollten zum großen Teil gar nicht mehr landwirtschaftlich genutzt werden.

Sonja Moor: „Seit Herbst 2008 grasen 25 Wasserbüffel bei unserem Kooperationspartner *Stiftung Naturschutzfonds Berlin-Brandenburg* im Vogelschutzgebiet Rietzersee und seit Frühjahr 2010 zwei Wasserbüffelkühe mit ihren beiden Kälbern auf der Berliner Pfaueninsel. Ab Frühjahr 2011 sollen vier tragende Wasserbüffelkühe die Burgwiesen in Storkow beweiden, wo der zeitweise hohe Wasserstand die Beweidung mit anderen Rindern ausschließt. Für 2011 verhandeln wir bereits über vier weitere Gebiete: Denn im EU-Programm zur Erhaltung von Kalkmooren können Wasserbüffel eine wesentliche Rolle übernehmen."

Sonja Moor wollte eine ganz normale landwirtschaftliche Ausbildung machen, so wie das vor Ort gelehrt wird: „Ich wollte den theoretischen Überbau und zwar den zeitgemäßen der konventionellen Landwirtschaft und somit unser Umfeld richtig kennen lernen, gerade *weil* wir Bio machen. In Österreich hatte ich in den 1980er Jahren sieben Jahre lang Obst- und Gemüse biodynamisch angebaut und auch später unseren Schweizer Bergbauernhof nach Demeter-Regeln bewirtschaftet. Als ich im Mai 2004 die Landwirtschaft in Hirschfelde offiziell angemeldet habe, bin ich gleichzeitig dem Demeter-Verband beigetreten."

Die Landwirtschaftsschule im 55 Kilometer entfernten Seelow bietet den staatlichen Abschluss *Landwirt/in* in einer berufsbegleitenden Ausbildung nach 432 Unterrichtsstunden und einer bundesweiten Prüfung: „Natürlich war alles sehr techniklastig und inhaltlich nur begrenzt das, was ich für unsere Bio-Robusttiere brauche. Aber wo die Dozenten up to date waren, habe ich gut aufbereitete Informationen erhalten. Weil ich wissen will, welche chemischen Mittel in der konventionellen Landwirtschaft erlaubt bzw. verboten sind, habe ich auch den 40-Stunden-Kurs zum *Sachkundenachweis Pflanzenschutz* angehängt.

Spaß hat mir vor allem gemacht, im Rahmen der Ausbildung immer neue Menschen zum Netzwerken zu finden. Nichts gegen unseren *Hürlimann*, aber das Grubbern, Drillen, Pflügen mit modernster Hydraulik habe ich genossen. Seit 2010 haben wir nun auch selbst modernste Technik – einen kompakten 95-PS-Traktor mit Breitreifen, wunderbar geeignet für Grünlandpflege, Kraftfutter müssen wir ja nicht anbauen. Im August 2007 hatte ich meinen Abschluss – *Fachrichtung Rinderzucht*. Dann kamen die ersten Kühe."

Durch Sonja Moors Netzwerken wuchs auch der gemeinnützige Verein *Alternativen für Zukunft e.V.* (AFZ e.V.), der Träger des *Modelldorfs Hirschfelde*. Punkt 7 des explizit auch für die Öffentlichkeit einsehbaren Geschäftsmodells macht die Haltung besonders deutlich, die nach Vorstellung der Moors und ihrer Partner Bedingung ist, um den Streusand aus dem märkischen Getriebe herauszubekommen und Kultur & Landschaft zu entwickeln: *Sämtliche Projekte in den Bereichen Handwerk, Landwirtschaft und Kultur* [sind] *so zu gestalten, dass die spezifischen Abläufe für alle interessierten Menschen einsehbar sind und Außenstehenden so als lehr- und lernbar vermittelt werden können.*[ii]

„Um auf allen Ebenen Qualität garantieren zu können, brauchen wir *Transparenz* – für uns selbst und für unsere Glaubwürdigkeit nach draußen. Jede und jeder muss wissen, was und warum wer wie zum großen Ganzen beiträgt. Vertrauen ist das Kapital, um regionale Produkte aus eigener Kraft zu erzeugen, zu verarbeiten und zu vermarkten. Verunsicherung können wir uns bei den Produzenten genauso wenig leisten wie bei den Konsumenten – und bei den Tieren sowieso nicht."

Im Barnimer Vertragsnaturschutz arbeiten bisher überwiegend Landwirte, die mit Maschinen mähen. Tierische Produkte aus regionaler Herstellung, die diese Naturschutzarbeit in Wert setzen, gibt es nicht auf dem Markt. Voraussetzung für die ökonomische Diversifizierung der Betriebe durch das Leasing trächtiger Büffel- und Galloway-Kühe ist der Aufbau der Stammherden im Rahmen des *Modelldorfs Hirschfelde*.

2003 hatte Christoph Flory von *Pro Natura* nach jahrelangen Erfahrungen mit der Haltung von Rindern, Schafen und Ziegen in Naturschutzgebieten erstmals auch italienische Wasserbüffel in einige Beweidungsprojekte in der Schweiz einbezogen: „Ökologisch steht die Mischbeweidung durch verschiedene Tierarten im Vordergrund, weil sie unterschiedliche Ansprüche an ihren Lebensraum haben und sich in ihren Eigenschaften unterscheiden. Neben ihren speziellen Futtervorlieben sind die großen, breiten Klauen ein typisches Merkmal der Wasserbüffel. Dadurch verteilt sich ihr Gewicht auf eine größere Fläche, und sie sinken in sumpfigem Gelände nicht so sehr ein wie Tiere mit vergleichbarem Gewicht."[iii]

Entscheidend ist aus ethologischer Sicht, dass sich die behornten Wasserbüffel und die von Natur aus hornlosen Galloways unter weitgehend stressfreien Haltungsbedingungen, ausreichendem Platz und artgerechtem Futterangebot gut vertragen. Beide sind friedfertig; Galloways gelten als belastungsfähiger als die sensibleren Wasserbüffel, die sich aber durchsetzen, wenn sie es wollen.

Aus ökologischer Sicht ergänzen sie sich im Weideverhalten: Beide fressen zwar vor allem Gras und Kräuter, aber Wasserbüffel haben ein noch größeres Nahrungsspektrum und fressen zum Beispiel auch schilfige Gräser. Laub von Büschen und Bäumen interessiert sie im Gegensatz zu den Galloways wenig.

Nach kurzer Zeit hatte der Schweizer Christoph Flory die europäische Dimension der Mischbeweidung für den Naturschutz und die Regionalentwicklung erkannt – die Bedeutung für die ökologische und sozioökonomische Entwicklung von Flachlandregionen mit großen Feuchtgebieten: „Letztlich muss aber in jeder Region und sogar für jeden Weidekomplex herausgefunden werden, welches Weidemanagement die ökologischen Potenziale erhält und fördert. Dabei spielt auch der jeweilige Wildbesatz eine Rolle."

Im Herbst 2008 verfügte das Modellprojekt über zwei voneinander getrennte Weidekomplexe mit 30 und 80 Hektar – jeweils komplett mit Unterstand, Tränke, Suhle etc.. Beide wurden von Galloways und Wasserbüffeln in gemischten Herden beweidet.

Dieter Moor: „Es war Christoph Flory von *Pro Natura*, der uns für die Wasserbüffel begeistert hat. Von seinem Ansatz *Mischbeweidung mit Wasserbüffeln und Galloways* waren wir sofort elektrisiert. Im üblichen Vertragsnaturschutz wird heute unter *Pflege* vorrangig das Entsorgen von Biomasse verstanden. Dass das weder sinnvoll noch nachhaltig und keine Kultur- sondern eine künstliche Landschaft ist, war uns klar. Wir wussten auch von den zaghaften Entwicklungen, besiedelte Gebiete – wieder – zusammenzudenken mit traditionellen Kulturlandschaften. Aber aus dem Mund eines Naturschützers zu hören, dass Landschaft wieder *schmecken* muss, die Produkte also zum Kreislauf dazu gehören, weil die hohe biologische Vielfalt von der ehemals angepassten Bewirtschaftung herrührt, das war toll. Denn es hat uns bestärkt in unserer Überzeugung, dass solche Prozesse wieder in Gang gesetzt werden können. Und müssen. Dabei ahnten wir noch gar nicht, was für unglaublich nette Tiere auch die Wasserbüffel sind – intelligent und anhänglich. Ich verbringe ja leider nur wenig Zeit auf dem Hof und mit den Tieren. Da rührt es mich besonders, wie viel Vertrauen sie auch mir entgegenbringen."

Domestizierte Wasserbüffel sind auf Umgänglichkeit und Zahmheit gegenüber dem Menschen selektiert worden, weil sowohl die Zugnutzung als auch das Melken mit häufigem und engem Kontakt verbunden sind.[1] Haben sie Vertrauten gefasst, lassen sie sich ohne Anzeichen von Furcht oder Aggression berühren und kraulen. Aber auch Wasserbüffel verwildern, wenn Menschen nicht täglich ihre Nähe suchen, um sich ruhig und geduldig anzubieten.

Sonja Moor: „Begeisterung für die Wasserbüffel, das geht natürlich nicht nur uns so. In ganz Deutschland sind sie dabei, Herzen zu erobern. Es ist prima, wenn sich gute Ideen verbreiten. Aber solche Trends bergen natürlich auch Gefahren, wenn Leute im Mozzarella-Fieber das große Geld riechen oder die Tiere für möglichst viel Fleisch auf Teufel komm raus vermehren wollen. Mit großen Feuchtwiesen die zu ihnen passende Landschaft zu haben, ist toll, reicht aber nicht. Es braucht nachhaltiges Weidemanagement und die züchterische Verantwortung. Deshalb ist die Zucht in unserem Modellprojekt in Kooperation mit *Pro Natura* zentral verankert. Wir züchten nur mit italienischen Linien und müssen Standards einhalten. Das heißt mehr als nur Inzucht zu vermeiden. Gesundheit und Umgänglichkeit, das steht für uns ganz oben. Das heißt aber auch, wer hier gefährlich wird, muss an den Haken.“

Generell müssen auch Robustrinder auf den Menschen sozialisiert sein, besonders wenn sie Monate lang in großen Naturschutzgebieten im Einsatz sind, wo immer die Gefahr droht, dass sie auswildern. Um das zu verhindern, braucht es von Anfang an Vertrauen: Der Mensch-Tier-Kontakt muss tägliche Routine sein. Sonja Moor: „Mindestens zweimal täglich schaut jemand aus unserem Team nach allen drei Herden. Im März 2009 haben wir Heiko Löwenhagen angestellt. Bis dahin hatte ich seit Mai 2004 den täglichen Normalbetrieb alleine gemacht – außer Heuernte, Heckenpflanzen, etc.. Heiko ist im Nachbardorf geboren, kennt hier alles und jeden und hat ein sehr gutes Händchen für Tiere.“

Fremden gegenüber sind Wasserbüffel neugierig und meistens auch fluchtbereit. Dann halten sie ihren Kopf möglichst hoch, die Anspannung ist spürbar. Philipp Wenz hat mit dem Team in Hirschfelde trainiert.[1] Sonja Moor: „Low Stress Stockmanship muss heute zum professionellen Umgang dazu gehören. Die Tiere müssen in Ruhe in einen Korall getrieben werden können, zum Beispiel für Routineimpfungen oder um die vorgeschriebenen Blutproben zu nehmen, wenn der Tierarzt kommt.

[1] Vgl. zur Nutzung von Wasserbüffeln den Kasten auf S. 50.

[1] Vergl. S. 125ff. *„Den Rindern die Zeit geben, die sie brauchen.“*.

Aber genauso wichtig ist der stressarme Umgang für die Schlachtung. Wir wollen den Tieren die Fahrt zum Schlachthof ersparen und beantragen dafür die Genehmigung zum Kugelschuss auf der Weide. Deshalb wollen wir, dass der Jäger dann ganz nah an die betreffenden Tiere herankommen kann. Bisher hatten wir erst ganz wenige Schlachtungen – Jungbullen, die wir nicht für die Zucht brauchen. Wir sind ja noch am Anfang.“

In Hirschfelde ziehen alle Kühe ihre Kälber selbst auf. Eine für die älteren Wasserbüffelkühe, die nicht als Jungkühe dorthin gekommen oder dort geboren worden sind, völlig neue Erfahrung. Damit die gesamte Milch vermarktet werden konnte, waren sie zuvor in Italien – wie in der Milchviehhaltung üblich – kurz nach der Geburt von ihren Kälbern getrennt worden.

Dieter Moor: „*Bella*, unsere älteste Wasserbüffelkuh, ist im März 2000 geboren. Sie kam 2008 trächtig zu uns und durfte zum ersten Mal in ihrem Leben ihr Kalb behalten. Das muss mich fasziniert haben, denn ich hatte sie mehr und mehr im Blick, immer nur kurz, aber doch regelmäßig, wenn ich zuhause in Hirschfelde war ... Das war überhaupt nicht geplant, aber jetzt ist für mich klar, dass es bei uns Büffel-Mozzarella nur von Kühen geben wird, die nicht von ihren Kälbern getrennt werden, solange die noch klein sind. Meine wichtigste Erkenntnis mit den Tieren? Auch die ist beim Hinschauen und Erleben entstanden: Eine Herde ist erst eine Herde, wenn sowohl die Kälber als auch – mindestens – ein Bulle dazugehört. Seit ich das zum ersten Mal richtig wahrgenommen habe, spüre ich sofort, wenn *etwas* fehlt.“

Liebe zu Tieren und zum Handwerk, – bis der erste Mozzarella von Kühen mit Kälbern *bei Fuß* aus Hirschfelde probiert werden kann, wird noch einige Zeit vergehen. Sonja Moor: „Das muss sich entwickeln. Die Kalkmoore Brandenburgs sind unsere ökologische Basis. Aber wer interessiert sich schon für Kalkmoore? Die müssen aber gefördert werden, solange, bis die regionale Wertschöpfung so weit ist, dass sie der Weiterentwickelung der Region zu Gute kommt. Manche Gewerke müssen ja in der Region überhaupt erst mal Fuß fassen. Von den Feuchtwiesen bis zum Produkt in der Regionalgastronomie, das ist ein weiter Weg. Wir wollen beweisen, dass es geht. Weil es geht!“

Kapitel 18

Ein Clan will es wissen

Beim Erzeugnis, da ist Karl Ludwig Schweisfurth schon lange. Denn da hat er angefangen. Als Metzgermeister. Mit dem Slogan seines früheren Konzerns *Herta* betitelte er 1999 folgerichtig seine Autobiographie: *Wenn's um die Wurst geht.* 2010 schreibt er eine Art Fortsetzung und richtet nun mit *Tierisch gut* die Sinne vor allem auf den Ursprung und kommt letztlich da an, wo alles anfängt: beim Boden, den Pflanzen, den Tieren: „Schauen Sie, unser neues Kunstwerk wird Wurzeln haben – echte Wurzeln. Denn ich will, dass man die Wurzeln *sieht.* Der Boden ist die Basis. Ohne wächst doch nichts."

1897 hatten seine Großeltern im westfälischen Herten ihre erste Metzgerei eröffnet, 20 Jahre später beschäftigten sie bereits über fünfzig Mitarbeiter. In den 1920er Jahren übergaben sie die Geschäftsleitung an ihren Sohn: „Anfang der 30er Jahre konnten die Betriebsanlagen vergrößert und der hundertste Mitarbeiter begrüßt werden."[i] Gut 30 Jahre später übernahm Karl Ludwig Schweisfurth die Leitung.

1955 wurde zum Schicksalsjahr für das Familienunternehmen. Als junger Metzgergeselle *erlag,* wie er Jahrzehnte später formulierte, Karl Ludwig Schweisfurth dem Fortschrittsdenken ganz im Sinne des Zeitgeistes – der Faszination aus Technik, Tempo und Chrom: Obwohl *Herta* für damalige deutsche Verhältnisse eine moderne Fleischfabrik war, sei er sich bei seiner Informationsreise zu den industrialisierten US-Schlacht- und Fleischverarbeitungskonzernen in Chicago und New York wie das *Würstchen vom Lande* vorgekommen. Künftig wurden Automatisierung und Standardisierung zur Devise auf *Hertas* Weg zum modernsten Fleischkonzern Europas.

Anfang der 1980er Jahre verkörperte *Herta* den neuesten Stand der Technik und Automatisierung und setzte pro Jahr eine Milliarde D-Mark um: Auf dem neuen Schlachthof konnten dreihundert Schweine pro Stunde geschlachtet und wöchentlich 25.000 Schweine und 5.000 Rinder verarbeitet werden. Karl Ludwig Schweisfurth: „Über 20 Jahre nach meiner USA-Reise, als wir auch bei *Herta* in unseren zehn Fabriken in Deutschland, Frankreich, Österreich, Brasilien und Äthiopien einen immer höheren Technisierungsstand erreichten, habe ich mehr und mehr wahrgenommen, wie öde es für die Fließbandarbeiter sein muss, immer die selben Handgriffe auszuführen – und im Sekundentakt zu töten. Heute wundere ich mich darüber, was für ein langer Weg es dann immer noch war, bis ich auch die Tiere, das *Leben* der Tiere, in den Blick bekam."

Nach dem Motto *Kunst geht in die Fabrik*, ließ der Kunstmäzen Karl Ludwig Schweisfurth seine Schlacht- und Verarbeitungsstätten mit Kunstwerken ausstatten und lud zu gemeinsamen Veranstaltungen mit gesellschaftspolitisch engagierten Künstlern: Joseph Beuys und seine Konzeption der *Sozialen Plastik* provozierten auch in diesem Kontext widersprüchlichste Reaktionen von *makaber* bis *genial*. Der Fleischproduzent nannte das *Perlen für die Säue*, aber für die änderte sich erst mal nichts.

Als seine drei heranwachsenden Kinder versuchten, bei ihm Zweifel an der industriellen Tierhaltung zu schüren und ihm unmissverständlich klarmachten, dass niemand von ihnen das Unternehmen übernehmen würde, war Karl Ludwig Schweisfurth Ende Vierzig: „Ich bin dann zum ersten Mal in Ställen gewesen, aus denen die Tiere für unsere Koteletts, Steaks und Würste kamen: Wenig Platz, dunkel, Ammoniakdunst in der Luft – körperlich und geistig veränderte Tiere. Daher rührte offensichtlich das nasse, helle Fleisch, aus dem ich keine guten Schinken und Würste mehr machen konnte."

1984 verkaufte Karl Ludwig Schweisfurth das Unternehmen, das bis dahin in Familienhand war, an den Konzern *Nestle*. 35 Jahre waren seit seiner Gesellenprüfung vergangen und fast 30 Jahre seit dem Schicksalsjahr, das *Herta* letztlich zum führenden europäischen Fleischkonzern gemacht hatte: „Ich war immer stolz auf mein Metzgerhandwerk. Das war Familientradition. Aber dann habe ich die Standardisierung von Fleisch- und Wurstprodukten, industrielle Effizienz, Automation und schöne, für die Kunden bequeme Verpackungen mit Produktqualität verwechselt."

So waren der Metzger, sein Handwerk und seine Tradition weitgehend dem Manager und industriellen Gleichmacher gewichen, der sich lange nicht eingestanden hatte, dass er unter der permanenten Beschleunigung und Normierung litt: „Der Lehrgang zur Meisterprüfung im Jahr 1983 trug dann wesentlich zum Wandel bei. Der Ausbildungsleiter, ein pensionierter Metzger, machte uns liebevoll und sachkundig bewusst, wie schön, interessant und vielseitig unser Handwerk ist – und wie weit ich mich davon entfernt hatte."

„Nach dem Verkauf hätte ich mir absolutes Nichtstun leisten können. Aber ich bin *ausgestiegen*, um *einzusteigen*: Die Entscheidung, noch mal von vorne anzufangen, um handwerklich und ökologisch zu produzieren, habe ich alleine gefällt, aber dann hat sie die gesamte Familie mitgetragen."

1985 gründete Karl Ludwig Schweisfurth die *Schweisfurth-Stiftung* mit Sitz in München zur Förderung der Agrar-Kultur sowie der Entwicklung einer ökologischen Kultur der Zukunft und baute die *Herrmannsdorfer Landwerkstätten* als ein Wirtschaftsunternehmen für Lebensmittel in ökologischer Qualität auf: „Entsprechend der Öko-Richtlinien ohne Pestizide zu produzieren, das hatte mich überzeugt und erschien mir ebenso vernünftig wie die mit viel frischer Luft verbundene Auslaufhaltung der Tiere. Mein Herz schlug aber vor allem für das Handwerk. In unserer Warmfleischmetzgerei erfolgen Schlachtung, Zerlegung und Wurstherstellung nun wieder unter einem Dach – ohne Fließband. Jede Wurst wird wieder von Hand abgefüllt und einem Schinken in den Kellern bei der langsamen Reife zuzuschauen, verschafft mir große Befriedigung. Der Name war wirklich Programm: Ich habe die Herrmannsdorfer Landwerkstätten von vorneherein als handwerklich ausgerichtete Stätte geplant."

„Ich wollte Landwirt werden. *Herta* wollte ich auf keinen Fall übernehmen. Als ich 1979 nach dem Abitur meine landwirtschaftliche Lehre begann, habe ich mir selbst in meinen kühnsten Träumen nicht vorstellen können, dass unser Vater mal einen großen Bio-Betrieb aufbauen würde, aber auch nicht, dass ich den mal leiten würde ..." Karl Schweisfurth war wie sein Vater Karl Ludwig in Herten in Westfalen aufgewachsen: „So unwirklich der Fleischkonzern für mich war, so anziehend waren die Rinder, die wir damals hatten: Mutterkuhhaltung, eine Herde im Münsterland und eine kleine bei uns in Herten. Als Jugendlicher habe ich die meiste freie Zeit mit ihnen verbracht. Im Sommer habe ich mich mehr um die Kühe und Kälber und im Winter mehr um die Zuchtbullen gekümmert."

Auch für die Lehre hatte sich Karl Schweisfurth einen Betrieb mit Mutterkuhhaltung ausgesucht: „Ich mag Rinder, und das hat richtig Spaß gemacht. Sie sind für mich immer noch die besten Tiere, weil sie das

Grünland nutzen. Anschließend habe ich Landwirtschaft studiert. Meine Perspektive war, später einen Betrieb zusammen mit einer Hofgemeinschaft zu leiten. Durch unsere Bio-AG an der Uni habe ich viele Betriebe kennen gelernt und mich damals schon für Bio entschieden. Auch meine beiden Praktikumsbetriebe waren Bio – diesmal nicht mit Rindern, sondern mit kleinen Wiederkäuern: In Südfrankreich habe ich Ziegenhaltung gelernt, bei uns in Deutschland gibt es ja schon seit langem nur wenige Ziegenhalter."

Nach dem Studium konzentrierte sich Karl Schweisfurth mehr auf das Betriebsmanagement und arbeitete in verschiedenen Unternehmen, ehe er ein weiteres Studium absolviert hat: „Nachdem ich 1995 entschieden hatte, die Geschäftsführung von Herrmannsdorf zu übernehmen, habe ich noch ein Managerstudium angehängt. In der ersten Zeit bin ich dann berufsbegleitend immer noch für Blockseminare nach St. Gallen gefahren. Denn in der richtigen Integration der drei Bereiche landwirtschaftliche Erzeugung, Lebensmittelverarbeitung und Lebensmittelvermarktung liegt für mich die entscheidende Herausforderung."

Diese Herausforderung ist zugleich Ausdruck und Motor der mit den *Herrmannsdorfer Landwerkstätten* verbundenen Vision regionaler Entwicklung. Denn nicht die weitgehend automatisierte Verarbeitung von Massenprodukten anonymer Herkunft in Fabrikhallen, sondern die möglichst große Nähe zwischen den Lebensräumen der Pflanzen und Tiere und dem Ort, wo sie handwerklich verarbeitet werden, hat das Potenzial Existenzen zu sichern und Arbeitsplätze auf dem Land zu schaffen, – aber nur, wenn auch die Vermarktung klappt.

„1986 kam die erste Anfrage aus Herrmannsdorf. Da war das Wachsen oder Weichen in der Landwirtschaft ja schon in vollem Gange. Ob ich mir vorstellen könnte, langfristig Bio-Milch nach Herrmannsdorf zu liefern." Damals hatte sich der Milchbauer Toni Daxenbichler schon seit einigen Jahren mit Bio auseinandergesetzt: „Fünf Jahre früher wäre zu früh für mich gewesen. Da habe ich noch heftig auf einer Tagung mit dem Bio-Bauern Martin Gasteiger gestritten. Der hatte behauptet, seit er keinen synthetischen Stickstoffdünger mehr auf seine Wiesen bringen würde, wären deren Erträge gleichgeblieben und die Kühe gesünder als vorher ... Aber es hat mir dann keine Ruhe gelassen, und 1983 habe ich an einer Exkursion zu seinem Betrieb in Rott am Inn teilgenommen. Die Wiesen, die wir da im Juli gesehen haben, sahen gut aus, so gut, dass ich es nicht glauben wollte: Entweder der düngt nachts oder ich bin blöd ..."[ii]

Auch Toni Daxenbichler hat es wissen wollen und 1984 zum ersten Mal keinen synthetischen Stickstoffdünger mehr benutzt: „Der Aufwuchs war o.k., aber entscheidend war für mich, dass seit langem nicht mehr so viele Kühe beim ersten Versuch trächtig geworden waren. Dann war es nicht mehr schwer, mich zu überzeugen. Natürlich auch wegen der Pestizide. Auf der Landwirtschaftsschule hatte es immer geheißen, das baut sich alles ab. Bis sie im Grundwasser nachgewiesen wurden ... 1987 habe ich den Vertrag mit den *Herrmannsdorfer Landwerkstätten* gemacht."

Karl Schweisfurth: „Egal ob Milch, Tiere oder Getreide – das Konzept der *Herrmannsdorfer Landwerkstätten* beinhaltete von Anfang an enge Kooperationen mit Landwirten – möglichst aus der Nachbarschaft, um kurze Transportwege sicherzustellen. Aber Mitte der 1980er hatte Bio ja noch vielen als spinnert gegolten, und ein Bio-Boom war erst recht nicht in Sicht. Damals mussten viele Landwirte überhaupt erst mal dafür gewonnen werden, auf Bio umzustellen. Denn lohnen konnte sich der Bau der Bio-Werkstätten für die Lebensmittelverarbeitung auf Dauer nur, wenn sie groß genug dimensioniert sind, um darin rentable Produktmengen herzustellen. Somit waren für die sichere Auslastung Verträge Voraussetzung – und zwar mit langfristiger Bindung. Eine Sicherheit, die die Landwirte natürlich auch brauchten."

Inzwischen ist Toni Daxenbichler seit einem Vierteljahrhundert Bio-Vertragslandwirt von Herrmannsdorf. Auch von den anderen Bauern aus der Anfangszeit sind die meisten dabei geblieben und gehören heute zu einem Netzwerk von circa 80 ökologisch wirtschaftenden Bauern und Herstellern in der Region, die die *Herrmannsdorfer Landwerkstätten* beliefern: „Ich war schon damals davon überzeugt, dass unsere Region hier mittelfristig durch die regionale Wertschöpfung nur profitieren kann. Aber das haben andere ganz anders gesehen und die Chance darin nicht erkannt: Als ich Bauern in Nachbardörfern gefragt habe, ob sie mit dabei sind und auch auf Bio umstellen, haben die meisten nur den Kopf geschüttelt. Für die war ich schon lange der Umweltspinner – und nun auch noch Bio ..."

Die Landwirte sind verpflichtet, ihre Tiere selbst nach Herrmannsdorf zu transportieren. 2006 scheiterte nach längerer Auseinandersetzung mit den Behörden der Versuch, für die Rinderschlachtung eine generelle Genehmigung zum Kugelschuss zu erhalten.[1] Um den Stress dennoch mög-

[1] Vgl. S. 159ff. *Sturkopf mit Mission.*

lichst gering zu halten, liegt die Ausladestation nur wenige Meter vom Betäubungsraum entfernt. So brauchen die Tiere anschließend an den Transport nicht mehr getrieben werden. Es sind überwiegend kleinere Betriebe, die Tiere liefern. Für Weideochsen erhalten sie einen Zuschlag.

Karl Schweisfurth: „Unsere Metzger stellen über 100 verschiedene Wurst- und Schinkenerzeugnisse her und bilden in unserer Warmschlachterei auch Lehrlinge aus. Zur Zeit lernt bei uns Gregor, der Sohn von Rosemarie Wegemann, die Herrmannsdorf mit aufgebaut hat. Und unser Haupt-Milchlieferant ist seit Beginn der elterliche Hof von Hubert Stadler, der in den 1990er Jahren seine Lehre bei uns gemacht hat. Seit 2007 ist er hier in der Rohmilchkäserei der Käsemeister. So schließen sich Kreise."

Ohne das Geld aus dem Verkauf von *Herta* hätte es einer großen Zahl von Menschen für die finanzielle Initialzündung bedurft, um überhaupt mit der Umsetzung dieser Vision beginnen zu können. Karl Schweisfurth: „Heute schreibt Herrmannsdorf schwarze Zahlen: Nach den Aufbaujahren folgte eine Konsolidierungsphase mit dem Ausbau der Filialen. Nun sind wir in einer dritten Phase angekommen und wiederum dabei, neue Wege zu gehen. Dabei gibt es eine interessante Dynamik: Vor über einem Vierteljahrhundert haben ganz eindeutig wir Kinder unseren Vater zu Veränderungen angetrieben und motiviert. Heute gibt es manchmal so etwas wie vertauschte Rollen, denn mit den Denk- und Handlungsansätzen seiner landwirtschaftlichen Versuchsanstalt ist er unserer Praxis inzwischen oft ein Stück voraus."

Den Werdegang von Karl Ludwig Schweisfurth kennzeichnet ein Prozess auf dem Weg vom Produkt zum Tier: „Mir war schlagartig klar, dass Fleisch von derart gequälten Tieren keine lebensfördernde Nahrung für uns Menschen sein kann."[iii] Diese Kritik an der industrialisierten Massentierhaltung hat ihm über lange Jahre viel Schmäh eingebracht: Für ehemalige Industriepartner war er ein *Verräter* und für viele Tierschützer nicht glaubwürdig: er mache nur zugunsten der Produktqualität die tierische Not zur (Tierschutz-)Tugend. „Was ich damals in den Ställen erlebt hatte, berührte mich zutiefst. Das wollte ich ändern, den Tieren ein gutes Leben ermöglichen und sie am Ende so achtsam behandeln, dass sie keine Angst bekommen und in Stress geraten. Heute nenne ich das, *den Tieren die Würde zurückgeben.*"

Nachdem die Tierhaltung in Herrmannsdorf in den vergangenen 20 Jahren wiederholt prämiert worden ist, widmet sich Karl Ludwig

Schweisfurth seit 2003 seiner *Vier-Hektar-Vision*: „Als Karl vor 30 Jahren Landwirt werden wollte, hat mich das überhaupt nicht begeistert, schließlich verlor ich ja damit einen möglichen Metzger und Nachfolger für *Herta*. Aber inzwischen drängen sich mir Fragen zum Verhalten der Tiere und ihren Wechselwirkungen mit dem Boden auf, denen ich nun mit meiner *symbiotischen Landwirtschaft* mehr auf den Grund gehen will. Das beginnt schon bei der gemeinsamen Haltung verschiedener Tierarten. Für mich wird immer deutlicher, was ich über die Verarbeitung schon lange wusste: Wir zerstören etwas, wenn wir die Produktionsschritte immer mehr vereinzeln. Wirklich nahe komme ich den Tieren und ihrem Wesen eigentlich erst, seit ich sie hier stundenlang in der Freilandhaltung beobachte. Mit meinem Buch *Tierisch gut* habe ich Mut machen wollen – vor allem für künftige Generationen."

Karl Schweisfurth: „Interaktionen zwischen Pflanzen, Tieren und Boden – manches was im Kleinen in der *Symbiotischen* meines Vaters erprobt wird, versuchen wir bereits, in die alltägliche Praxis zu übertragen. Insgesamt bekommt so die Freilandhaltung eine größere Bedeutung bei uns. Wir integrieren inzwischen die Freilandhaltung von Schweinen in die Fruchtfolge und versuchen damit, die Trennung von Ackerbau und Tierhaltung weiter zu überwinden. Entlang unserer Äcker haben wir 2.500 Meter Hecken angelegt. Nach und nach werden wir ausprobieren, wie wir sie auch den Tieren verfügbar machen können, so dass die Büsche gedüngt, aber nicht zu sehr beweidet werden.

Die größten Innovationen verfolgen wir zur Zeit beim Geflügel – sowohl in der Zucht als auch in der Haltung. Wir haben uns für einen vollmobilen Hühnerstall entschieden. Jetzt sind wir so flexibel, dass wir das Hühnermobil je nach Jahreszeit, Pflanzenwuchs und Witterung nach ein bis drei Wochen versetzen.[iv] Den Hühnern bieten wir dadurch immer frisches Futter zur Selbsternte und der Boden wird gleichmäßig gedüngt. Gleichzeitig wirkt sich der Gesundheitseffekt aus, weil die Hühner so ihren Parasiten davon fahren, die dadurch ausgehungert werden. Mit dem *Herrmannsdorfer Landhuhn* entwickeln wir eine Alternative zu der unseligen Praxis, dass die Brüder von Legehennen als Eintagesküken getötet werden. Denn nur auf Kosten ihres Fleischansatzvermögens konnte die Legeleistung der nun zunehmend krankheitsanfälligen Hybridhennen so hochgeschraubt werden. Wir züchten nun wieder mit einer Zweinutzungsrasse und wollen ein Netzwerk aufbauen, um die Rasse künftig auf eine breitere Grundlage zu stellen."[v]

Einiges von dem, was in Herrmannsdorf heute *Innovation* ist, war früher *gängige Praxis*. Karl Schweisfurth: „Wir nutzen die Chance, die Interaktionen zwischen Tieren, Pflanzen und dem Boden besser zu verstehen, um die Bodenfruchtbarkeit zu fördern. Der Boden ist und bleibt die Basis. Das machen wir mit unserem neuen Kunstwerk für das Leitbild unserer Agrarkultur hier am Eingang zu den *Herrmannsdorfer Landwerkstätten* sichtbar: Oben die Tiere, in der Mitte die Pflanzen und unten – die Wurzeln.“

Kapitel 19

Sturkopf mit Mission

Milch und Fleisch aus Gras und Heu –, heute kann man in jedem besseren Kochbuch lesen, dass artgerechte Weidehaltung gut ist für die Gesundheit der Tiere und dass ihr Fleisch – zum Beispiel wegen der Omega-3-Fettsäuen – der menschlichen Gesundheit zugute kommt.

Aber nach wie vor stammt die Masse des in Deutschland konsumierten Rindfleisches aus intensiver Bullenmast – ein Leben auf Spaltenböden, ohne Platz, mit hochenergetischem Einheitsfraß. Derweil wächst die Zahl der Betriebe, die ihre Kühe zusammen mit den Kälbern und den Masttieren ganzjährig im Freiland halten.[1] Dort geraten sie uns häufiger als früher in den Blick – und ihr Fleisch in den Sinn. Es kann in Hofläden oder immer leichter auch im Internet gekauft werden. Beim anschließenden Probieren und Schmecken is(s)t das gute Gewissen in aller Munde.

„Jahrelang hatte ich mit der Stallhaltung gehadert. Da die Tiere sich dort – zumal in Anbindehaltung – nicht so wohl fühlten wie draußen, haben sie mir schon früh leid getan. In meiner Kindheit und Jugend am Fuß der Schwäbischen Alb war es aber immerhin nicht nur üblich, die Rinder regelmäßig zu putzen, sondern auch, das Vieh *rom zu füahra*: Sonntags vor dem Gottesdienst haben wir die Kühe durchs Dorf geführt. Bis in die 1970er Jahre kannte ich aber weder Mutterkuhhaltung noch ganzjährige Freilandhaltung und hatte auch noch keine Vorstellung

[1] Das Statistische Bundesamt nennt für Deutschland nach der Viehzählung vom Mai 2008 circa 1,5 Millionen Rinder von Fleischrassen – knapp 12 Prozent der insgesamt fast 13 Millionen in Deutschland gehaltenen Rinder. Während es inzwischen verbreitet ist, die Mutterkühe mit ihren Kälbern im Freiland zu halten, findet die Mast der Ochsen meistens in Offenställen statt, wo sie mit Mais und Getreide zugefüttert werden, um schneller höhere Schlachtgewichte zu erreichen.

Statistisches Bundesamt (BMELV): Ergebnisse der Viehzählung Deutschland Mai 2008. http://berichte.bmelv-statistik.de/SJT-3100920-2008.pdf.

davon." Hermann Maier beschreibt in seinem Buch *Der Rinderflüsterer* den langen Weg – von der Milchviehhaltung mit acht Kühen über die Mutterkuhhaltung im Stall bis zur ganzjährigen Freilandhaltung mit über 200 Tieren und vor allem, warum ihm das für den Tierschutz immer noch nicht genug war.

Wie auch noch viele nach ihm hat er quasi das Rad für sich neu erfunden. Denn vor fast 30 Jahren waren Freilandbetriebe mit Mutterkuhhaltung die Ausnahme und ihre Eigentümer zudem häufig Städter, die nun Exoten hielten – meistens Galloways.[2] Selbst wenn er sie aufgesucht hätte, – die Erfahrungen wären nur begrenzt für Hermann Maier, den Bauern, und seine Fleckvieh-Kühe nutzbar gewesen.

Dass er nicht trotz, sondern wegen der heimischen Rasse ein Exot unter Exoten war, erwies sich dann aber nicht wegen möglicher Wissensdefizite, sondern wegen der Bürokratie als Bumerang: „Durch Zucht und intensive Fütterung war Ende der 1970er Jahre auch in Deutschland ein Milchsee entstanden. Deshalb förderte die Regierung mit Prämien das Abschlachten und die Umstellung auf Mutterkuhhaltung. Dass auch ich damals entschieden habe, meine Fleckviehkühe wegen der Prämie schlachten zu lassen, dafür schäme ich mich bis heute. Für diesen Frevel wurde ich aber nicht nur mit schlechtem Gewissen bestraft, denn letztlich mussten wir die erhaltene Beihilfe zurückzahlen."

Der Grund war simpel. Die Bürokraten in Brüssel konnten sich Mutterkuhhaltung nur mit Fleischrassen vorstellen und die Prämie war nicht nur daran gebunden, nicht mehr zu melken, sondern verbot auch *die Haltung von zur Milcherzeugung geeigneten Haustieren*: „Da Fleckvieh eine Zweinutzungsrasse ist, war unsere Mutterkuhhaltung im Sinne dieser Bestimmungen Milcherzeugung ..., denn wir bauten unsere Herde ja aus dem Fleckviehjungvieh auf."

Hermann Maier ließ die Rinder von der Kette, damit sie artgemäßer leben konnten, zahlte die Prämie zurück und litt bereits am nächsten Problem, das sein Leben in den kommenden 20 Jahren bestimmen sollte: „Gerade weil die Tiere ab dem Winter 1983/1984 rund ums Jahr draußen waren, wurde die Diskrepanz zwischen der Freiheit auf der Weide und dem Stress, der dann kam, immer größer – einfangen auf der Weide, verladen, transportieren, ausladen, treiben in den Schlachthof. 1986 war es so weit. Fleckviehbulle *Axel* war damals 16 Monate alt und wehrte

[2] Vgl. S. 113ff. „*Am Anfang waren alle dagegen.*"

sich stundenlang mit aller Kraft gegen das Verladen – eine grässliche Qual. Er hat so getobt, dass wir die Erlaubnis erhielten, ihn als Notfall vor Ort, also auf der Weide, zu betäuben und zu töten. Da habe ich wie so oft in meinem Leben aus der Not eine Tugend gemacht und mir vorgenommen: Nie wieder werden wir lebende Tiere zum Schlachthof transportieren." *Was ich von meinen Tieren lernte*, lautet in diesem Sinne ein Untertitel seines Buches.

„Lebend kommt hier kein Tier mehr vom Hof."

Nach dem Tod von Bulle *Axel* zog Hermann Maier seine Entscheidung, kein Tier mehr lebend von seinem Hof zu transportieren, konsequent – andere mein(t)en *stur* – durch.

Aber es war nicht sein großes Engagement für den Tierschutz, womit er in den folgenden Jahren in die Schlagzeilen geriet. Da er keine lebenden Tiere mehr zum Schlachthof brachte, aber auch keine Genehmigung für das Schlachten vor Ort erhielt, wuchs die Herde, ohne dass er mit dem Fleisch Geld verdienen konnte. Mehrfach drohte der Familie die Zwangsversteigerung, da die Einkünfte aus dem zweiten Standbein, dem Handel mit Landmaschinen, ebenfalls kaum reichten, um den Hof zu erhalten.

Man muss weder Tierschützer, noch Fleischesser und auch nicht beides zusammen sein, um zu begreifen, dass es keine schonendere Betäubungsart gibt als auf der Weide, wo ein plötzlicher Schuss das zum Schlachten bestimmte Tier völlig überraschend – am besten im Liegen – trifft: kein Einfangen und Verladen, kein Transport und Ausladen, kein Stress am Schlachthof, sondern einfach nur – *peng*.

Dennoch sprach vor 25 Jahren fast alles dagegen – vor allem der Zeitgeist. Fortschritt hieß Industrialisierung – auch in der Landwirtschaft. Das Wachsen oder Weichen gehörte bereits zum Alltag. Neben vielen kleinen landwirtschaftlichen Betrieben war auch ein großer Teil der Metzger, die Schlachten und Zerlegen noch als Handwerk betrieben, in den Ruin getrieben worden.

Für Hermann Maier bedeutet(e) Fortschritt Tierschutz und der automatisierte Massenwahn mit Millionen gequälter Tiere – im Stall, auf dem Transport und im Schlachthof – eine *Kulturschande*. Aber die Zeit war reif für Gigantismus und nicht für jemanden, der seine Tiere in kleinen

Einheiten, zudem aus Tierschutzgründen, vor Ort betäuben und töten wollte: „Eigentlich war meine Vorstellung doch ganz einfach: Töten auf der Weide und dann der Transport des getöteten Tieres zu einem Schlachthof oder Metzger zum Zerlegen. Aber außer in Notfällen und für unseren Hausgebrauch erteilte uns das zuständige Veterinäramt über ein Jahrzehnt lang keine Schlachtgenehmigungen, obwohl sie uns immer wieder zugesagt worden waren.“

In der Zwischenzeit wuchs die Herde weiter. Die Rinder der heimischen Rasse Fleckvieh hatten sich wie die in der Mutterkuhhaltung dominierenden Galloways im Freiland bewährt: „Der erste Winter war besonders kalt. Aber unser Fleckvieh hat Kälte und Schnee gut überstanden. Die Tiere hatten draußen zuvor genügend Zeit gehabt, um sich einen rechten Pelz anzufressen. Sie sind besser, das heißt gesünder über den Winter gekommen, als in manchen Jahren zuvor im Stall.“

Hinsichtlich seines Fleckviehs Exot unter Exoten zu sein, gehörte zu den kleineren Rädern, die es für Hermann Maier neu zu erfinden galt. Denn wiederum machte er aus der Not eine Tugend und betrat nun hinsichtlich der Schlachtung völliges Neuland nach dem Motto: „Wenn ich nicht schießen und dann mit toten Tieren zum Schlachthof fahren darf, dann muss der Schlachthof quasi zu mir kommen.“ Am Ende standen eigene Räumlichkeiten für die Zerlegung und vor allem die Erfindung seiner *mobilen Schlachtbox* – zum Ausbluten und für den Transport der auf der Weide getöteten Tiere.

Peng!

„Behördlich zugelassene Schlacht- und Zerlegeräume sind nach dem Fleischhygienegesetz Vorschrift. Aber *darin* wollten wir unsere Tiere natürlich *nicht* betäuben und töten. Die eigenen Schlacht- und Zerlegeräume waren *nur* die rechtliche Voraussetzung, um unsere *mobile Schlachtbox*, die an einen Traktor angebaut wird, auf der Weide einsetzen zu dürfen. 1997 erfolgte die offizielle Abnahme durch das baden-württembergische Landwirtschaftsministerium. Die Box war nun offizieller – mobiler – Bestandteil unserer Schlachtstätte und erfüllte die Vorgaben der Fleischhygieneverordnung und der Tierschutzschlachtverordnung.“

Die Theorie: Der Traktor fährt mit der *mobilen Schlachtbox* in die Nähe der Herde. Dann schießt der Schütze aus möglichst geringer Nähe auf das ausgesuchte Tier. Innerhalb von 60 Sekunden zieht der Frontlader des Traktors das getötete Tier hoch und hängt es nach dem Halsschnitt zum Ausbluten über eine Auffangwanne. Anschließend wird es in der Schlachtbox zum Schlachtraum gefahren. Die *mögliche* Praxis: Genau so. Aber das können bisher nur wenige.

Was hier so gar nicht spektakulär klingt, zumal jeder weiß, dass bei der Jagd immer geschossen wird, war und ist für Rinder letztlich Revolution im Sinne des Tierschutzes. Hermann Maier hat im Sommer 2010 einem Kamera-Team erlaubt, ihn beim Töten eines Rindes durch *Kugelschuss* zu begleiten und sich so selbst ein Bild vom stressfreien Töten zu machen. *Tierschonendes Schlachten*, die Dokumentation des Südwestrundfunks in neun Minuten und elf Sekunden wirkt auf uns Betrachter noch unspektakulärer, als sich die Beschreibung anhört. Hermann Maier tötet dort das liegende Rind, wie er es immer macht – im wahrsten Sinne des Wortes *im Vorbeigehen*: „Der Schuss, das ist ja nur der Bruchteil einer Sekunde. Aber die Sekunden davor und auch die danach sind genauso entscheidend. Ich kann mich allen meinen Tieren bis auf wenige Meter nähern, manche lassen sich auch streicheln. Wenn ich komme, um zu schießen, dann versuche ich das aus allernächster Position – möglichst nur ein paar Zentimeter, aber das geht nur, wenn keines der Tiere in der Herde spürt, *dass* ich schießen will. Nur wenn ich statt Stress ein Maximum an Entspannung ausstrahle, ist die Wahrscheinlichkeit so groß, dass sich das Tier in dieser Zehntelsekunde nicht bewegt."

Trotz Jägerprüfung und diverser Ortstermine hatte Hermann Maier jahrelange Rechtsstreite um seine Schießerlaubnis führen müssen. 1997 wurde die *Tierschutzschlachtverordnung* entsprechend dem EU-Recht novelliert und erlaubt fortan den Kugelschuss „mit Einwilligung der zuständigen Behörde zur Betäubung oder Tötung von Rindern oder Schweinen, die ganzjährig im Freien gehalten werden".[i] Dennoch verweigerte die zuständige Behörde ihm die Schießerlaubnis, bis der *Verwaltungsgerichtshof Baden-Württemberg* mit Urteil vom 25. August 2000 endgültig für ihn entschied: „Die vom Kläger in erster Linie geltend gemachten tierschützerischen und wirtschaftlichen Belange stellen sich als berücksichtigenswert dar."

14 Jahre nach dem Tod von Bulle *Axel* erhielt er die Schießerlaubnis, mit der er das Recht erwirbt, künftig auf seinen Weiden aus maximal fünf

Meter Entfernung mit einem schallgedämpften Gewehr auf liegende Rinder zu schießen: „Das vom Kläger verfolgte Ziel der ‚sanften Tötung' lässt sich auch nicht auf eine andere zumutbare, den Einsatz einer Schusswaffe nicht erfordernde Weise verfolgen.“[ii]

„Wenn man das mal wirklich zu Ende denkt ...“

Seitdem sind zehn Jahre vergangen. Die Zahl der Betriebe, die Mutterkühe und auch Masttiere ganzjährig im Freiland halten, hat weiter zugenommen. Mehr und mehr hat sich herumgesprochen, dass die Tiere dort im Winter nicht frieren, sondern profitieren, vorausgesetzt, sie können jederzeit einen trockenen und windgeschützten Ort aufsuchen.

Es gibt aber auch zu Recht negative Schlagzeilen, wenn Tierhalter nicht täglich nach ihren Herden schauen und ihrer Sorgfaltspflicht nicht gerecht werden. Deshalb ist es verständlich, wenn Tierärzte befürchten, die Genehmigung für den Kugelschuss könnte im Einzelfall denjenigen Tierhaltern Vorschub leisten, die ihre im Freiland gehaltenen Tiere letztlich vernachlässigen.

Vernachlässigung darf nicht sein. Aber um die Verhältnismäßigkeit zu wahren, müssen wir uns vergegenwärtigen, dass die wenigen Tiere im Freiland im Vergleich zu den Millionen, die hinter Beton verborgen leben müssen und nur selten von uns gesehen werden, viel sichtbarer sind. Deshalb nehmen wir sie unverhältnismäßig mehr wahr. Das gilt für die Haltungsbedingungen ebenso wie für die Schlachtung.

Die Tierärztin und Agrarwissenschaftlerin Frigga Wirths hat im Auftrag des *Deutschen Tierschutzbundes* zahlreiche deutsche Schlachthöfe untersucht: „Am Schlachthof sind viele Tiere nicht vollständig betäubt, wenn sie aus dem Betäubungsstand fallen und dann an einem Hinterbein hängend an einer Förderkette weiter transportiert werden. Diese Tierquälerei ist ein Skandal. Es gibt Anlagen, die Fehlbetäubungen weitestgehend ausschließen können. Aber Tierschutz kostet Geld, und wo kein Kläger, da kein Richter." [iii]

Bei der Rinderschlachtung gibt es drei besonders tierschutzrelevante Bereiche: 1. Wenn eine nicht korrekte Betäubung nicht zur sofortigen tiefen Bewusstlosigkeit führt, können Tiere vor dem Entblutestich wieder erwachen. 2. Wenn der Entblutestich nicht breit und tief genug ausgeführt wird und zum Beispiel nur *eine* Halsschlagader eröffnet wird, führt der Blutverlust nicht schnell genug zum Tod des Tieres. 3. Das ist besonders problematisch, wenn nicht lange genug gewartet wird, bis das Tier ausgeblutet ist oder überprüft wird, ob das Tier tatsächlich tot ist, bevor mit der weiteren Zerlegung begonnen wird.

Das Thema ist nicht neu. Der Leiter des Kulmbacher *Instituts für Sicherheit und Qualität bei Fleisch*, Klaus Troeger, macht den Zeitdruck und Kontrolldefizite – die mangelnde Umsetzung der Tierschutz-Schlachtverordnung dafür verantwortlich, dass immer wieder Rinder noch leben, wenn sie entblutet werden.[iv] Bei vier bis sieben Prozent der Schlachtungen dringt der Bolzenschuss nicht direkt ins Stammhirn. Tierarzt Karsten Fehlhaber von der *Bundestierärztekammer*: „Das darf eigentlich auch hier nicht passieren, dass überhaupt ein Rind zur Entblutung gelangt, welches nicht ausreichend betäubt ist. Das verstößt natürlich gegen die Tierschutzrechtsbestimmungen ohne Zweifel.“[v]

Es ist aber nicht verwunderlich, dass gestresste Tiere im Schlachthof in ihrer Panik mit dem Kopf rucken. Die Lösung wird darin gesehen, die Tiere innerhalb des engen Tötungsstandes noch mehr – am Kopf – zu fixieren. Eine Lösung quasi am allerletzten Ende der Qual, um die Spitze des Eisberges – Fehlbetäubungen – zu verhindern. Solange es konventionelle Schlachthöfe gibt, sind die Veterinärbehörden gefordert, mehr und besser zu kontrollieren und mit aller Kraft gegen solche Gräuel anzugehen.

Verschiedene Tierschutzorganisationen wie der *Deutsche Tierschutzbund* und die *Animals' Angels* engagieren sich ebenso wie das *Beratungs- und Schulungsinstitut für schonenden Umgang mit Zucht- und Schlachttieren* seit Jahren gegen die mit dem Transport und der Schlachtung verbundene Tierqual.[vi]

Wenn Tierärzte aber noch mehr für den Tierschutz erreichen möchten, gilt es, alternative Haltungsformen zu unterstützen und konsequenterweise auch die von Hermann Maier initiierte Revolution in der Schlachtung, die ermöglicht, Tiere in Ruhe auf der Weide zu töten. Deshalb liegt die Antwort auf Anträge zum Kugelschuss nicht in einem *Nein*, sondern mit klaren Auflagen im Sinne der Tiere in einem *Ja!,* mit einer Beschränkung auf eine Entfernung unter fünf Meter. Wer nicht mehr so nah an seine Tiere herankommt, kann sich im *Low Stress Stockmanship* fortbilden und gegebenenfalls zusätzlich Profis beauftragen, wenn der Schlachttermin naht.[3]

Beurteilung alternativer Schlachtsysteme im Hinblick auf die Verringerung der Furcht von Rindern nannte die Agraringenieurin Lea Trampenau ihre Diplomarbeit. Hermann Maier ermöglichte ihr 2007 dabei zu sein, als er eine Kuh schoss: „Das Verhalten der Herde, wie Hermann Maier sich in der Herde bewegte und die Durchführung der Betäubung und Tötung – perfekt. Danach war für mich klar, dass das Schlachtverfahren *Kugelschuss auf der Weide* das einzige Verfahren zur Betäubung und Tötung von Tieren ist, welches ich vertreten kann. Denn es ist die konsequente Folge artgerechter Nutztierhaltung."

Viele Betriebe verfügen über keinen eigenen Schlachtraum bzw. können mit dem Trecker den nächsten Schlachthof nicht schnell genug erreichen. In einem Team aus einem Metzger, einem Kraftfahrzeugtechniker und dem Institut für Agrartechnik der Universität Kassel ist inzwischen ein *Transport- und Entblute-Trailer (TE-Trailer)* entwickelt worden, der auch von einem PKW gezogen werden kann.[vii]

Annette Maier, die Tochter von Hermann Maier, zieht ihr persönliches Fazit: „Wenn man Fleischessen und Tierschutz mal wirklich zu Ende denkt, dann gibt es doch bei unserer Art der freien Rinderhaltung gar keine Alternative zum Kugelschuss und zur mobilen Schlachtung." Erst dann is(s)t beim anschließenden Probieren und Schmecken auch für Familie Maier das gute Gewissen in aller Munde.[viii]

[3] Vgl. S. 125ff. *„Den Rindern die Zeit geben, die sie brauchen."* und S. 133ff. *„Ekkehard ist der Schafmann und ich bin die Rinderfrau."*

Kapitel 20

Das Gras wachsen hören

Kaum ein Bauer in Deutschland hat sich in den vergangenen 25 Jahren so in den Boden und dessen Bewohner hinein gedacht und gefühlt wie Josef Braun. Er *sieht* die Kühe *auf* dem Boden ebenso wie Tausendfüßler, Tonnen von Mikroorganismen und vor allem Regenwürmer *im* Boden.

Josef Braun gehört zu den Pionieren mit *Kuh-Zunft*, die aus der Landwirtschaft stammen und – trotz und wegen – ihren eigenen Weg jenseits des agrarwissenschaftlichen Mainstreams immer weiter verfolgen.

Der Betrieb der Familie Braun liegt im Erdinger Moos, nördlich von München zwischen Erding und Freising. Dort ist Josef Braun geboren. 1982 übernahmen er und seine Frau Irene, die auch aus der Landwirtschaft stammt, von seinen Eltern 54 Hektar Grün- und Ackerland, das Milchvieh sowie sechs Hektar Wald. 1988 stellten sie den Betrieb auf ökologische Landwirtschaft um.

Als Josef und Irene Braun den Betrieb übernahmen, gehörten 22 Kühe dazu. Dem Trend des *Wachsen oder Weichens* zum Trotz weiden auch heute *nur* 22 Milchkühe auf dem *Biolandhof Braun*. Denn für die beiden zählt nicht Größe, sondern vor allem Gesundheit: „Mensch, Tier, Pflanze, Boden – auch betriebswirtschaftlich gesehen; unser Ziel ist ja ein gesunder Betriebskreislauf. Wir halten so viele Tiere, wie unser Land hergibt – ohne Futterimporte oder -zukauf."

Damit nicht nur das Land zu den Tieren, sondern auch die Tiere zum Land passen, hat Josef Braun auch in der Tierzucht eigene Ziele verfolgt und vor 20 Jahren mit der *Rinderzucht auf Lebensleistung* begonnen[i]: „Seit 1990 richten wir unsere Zucht auf Langlebigkeit aus. Wir lassen unsere Kühe auch nicht künstlich besamen, sondern halten eigene Bullen für den *Natursprung*[1]."

[1] Weil die *künstliche Besamung* seit über drei Jahrzehnten mit circa 90 Prozent die häufigste Art der Fortpflanzung bei Rindern ist, wurde für die *normale* Fortpflanzung extra ein eigener Begriff eingeführt – *Natursprung*.

Aufgrund einseitiger Selektion auf Hochleistung beträgt das durchschnittliche Alter der Kühe in Milchviehherden – beispielsweise in den USA, Kanada und Deutschland – nur noch circa fünf Jahre.[2] Die erschreckend kurze Lebensdauer ist Folge von Stress und physischer Überforderung, weil die Kühe in kurzer Zeit hohe Leistungen erbringen sollen: Vor allem wegen Euterentzündungen und Problemen mit der Fruchtbarkeit, die inzwischen als *Berufskrankheiten* von Milchkühen gelten, müssen sie immer frühzeitiger aus den Betrieben ausscheiden und zum Schlachthof.[ii]

Die *Rinderzucht auf Lebensleistung* setzt auf Konstanz – nicht extrem hohe, sondern zuverlässige, das heißt *Dauer*leistungen: „Auf Dauer erbringen nur gesunde Tiere gute Leistungen. Unsere Kühe geben 6.000 bis 6.500 Liter Milch pro Jahr[3] und sind sehr fruchtbar. Wichtig sind für uns auch gute Klauen und dass unsere Kälber nur selten krank werden. Entscheidend trägt aber auch die Fütterung zur Tiergesundheit bei, sie muss ja zu den Wiederkäuern passen. Wir füttern zusätzlich zur artenreichen Weide Heu von Wiesen mit einer Luzerne-Klee-Kräuter-Gras-Mischung. Da wir Bio-Saatgut erzeugen, erhalten sie zusätzlich nur etwas Abputzgetreide."

Durch konsequente Zucht nach Gesundheitskriterien konnte die Nutzungsdauer der Herde auf dem Betrieb der Familie Braun inzwischen auf circa acht Jahre erhöht werden: „Das heißt, unsere Kühe leben etwa 50 Prozent länger als der Durchschnitt der Milchkühe in Deutschland. Deshalb benötigen wir auch nur wenige Tiere für die Nachzucht: In sogenannten Spitzenbetrieben muss jährlich jede zweite Kuh ersetzt werden, bei uns nur drei von 22 pro Jahr."

Inge ist zur Zeit mit 13 Jahren die älteste Kuh der Herde, nachdem die 15-jährige Elsa und die 17-jährige Ida im Sommer 2010 geschlachtet wurden. Wenn die Tiere so lange im Betrieb bleiben können, bedeutet das auch weniger Stress. Darin liegt ein weiterer Gesundheitsaspekt. Denn sie haben viel mehr Zeit, stabile Hierarchien zu entwickeln; so kommt in der Herde viel weniger Unruhe auf.

Josef Braun: „Schon in der Vergangenheit hatten wir die Bedeutung der *Rinderzucht auf Lebensleistung* nicht *nur* beim Tierschutz und in der Betriebswirtschaftlichkeit erkannt, sondern auch beim Umweltschutz,

[2] Vgl. S. 63ff. *Methan – Wie die Kuh zum Klima-Killer gemacht wird.*

[3] Die Milch wird in der hofeigenen Käserei verarbeitet.

weil wir ja Ressourcen schonen. Inzwischen wird aber auch der Klimaaspekt immer dringlicher: Eine um *ein* Jahr verlängerte Nutzungsdauer bedeutet bezogen auf die Herde circa 19 Prozent weniger Methan, weil wir weniger Kühe als Ersatz vorhalten müssen. Zusätzlich verringern wir den Methanausstoß der Herde durch Fütterung mit kräuterreichem Heu, das einen hohen Anteil an Tanninen hat."

Der Bauer mit den Regenwürmern

Wo andere Konkurrenz wittern, sieht der *leidenschaftliche Ackerbauer* Josef Braun Kooperation – im Boden: So sät er Kräuter auch ins Getreide; denn wenn es im Winter abstirbt, bietet es im folgenden Frühjahr Futter für Regenwürmer und die anderen (Mikro-)Organismen des Bodens, die angerottete Pflanzenreste letztlich zu Humus verdauen.

Eine besondere Funktion der Regenwürmer liegt darin, die bakteriellen und tierischen Winzlinge mit Sauerstoff zu versorgen. Denn mit ihrem unterirdischen Wegesystem tragen sie entscheidend zur Belüftung des Bodens bei. Josef Braun: „Ich habe schon vor 25 Jahren begonnen, den Boden schonend zu bearbeiten. Das gilt für den Acker ebenso wie für das Grünland. Schwere Maschinen haben heute Achslasten bis 20 Tonnen. Unsere liegen unter fünf Tonnen, damit wir unseren Mitarbeitern im Boden nicht die Luft zum Atmen nehmen."

Das Ergebnis nach 25 Jahren: Während unter einem Quadratmeter bayrischen Bodens durchschnittlich 18 Regenwürmer leben, sind es auf dem *Biolandhof Braun* 300 bis 350 pro Quadratmeter – hochgerechnet auf 54 Hektar bedeutet das 180 bis 200 Millionen.

„Mir ist in all den Jahren immer klarer geworden, wie wichtig die Symbiosen sind – die zwischen den Mikroorganismen im Pansen der Rinder und die zwischen den verschiedenen Bodenlebewesen. Wir wissen aber noch viel zu wenig darüber, was zwischen den Lebewesen *auf* dem Boden und denen, die *im* Boden leben, passiert." Der lebendige Boden ist für Josef Braun Basis für die *Zukunftsfähigkeit der Menschheit*.

„Immer mit einer Klaue im Ackerbau"

Der Münchner Filmemacher Bertram Verhaag hat mit *Der Bauer mit den Regenwürmern* und *Der Bauer, der das Gras wachsen hört* zwei bayerische Bauernfamilien porträtiert, die sich das Wachsen der Humusschicht quasi zur Lebensaufgabe gemacht haben.

Die Familien von Josef Braun und Michael Simml praktizieren, was Urs Niggli, der Direktor des *Forschungsinstituts für Biologischen Landbau* (FiBL), für die nachhaltige Landwirtschaft so ausdrückt: „Da steht die Kuh immer mit einer ihrer vier Klauen im Ackerbau."

Gemeint ist damit zum einen ihr Dung, mit dem die Äcker gedüngt werden und zum anderen ihre Bedeutung für die *Fruchtfolgen*, da Grünland durch die Humusanreicherung besonders zur Bodenfruchtbarkeit beiträgt. Deshalb beziehen ökologisch orientierte LandwirtInnen in die Abfolge verschiedener Ackerfrüchte auch immer wieder für ein bis zwei Jahre eine Gras-Klee-Mischung mit ein.[iii]

Die Rinder produzieren daraus wiederum Milch und Fleisch – und Dung für die nächste Düngung der Äcker. Wiederkäuer sind somit nicht nur für das Dauergrünland wichtig. Familie Simml hält heute auf ihrem 18,5 Hektar großen Bio-Gemüsebetrieb 17 Mutterkühe und baut circa 30 verschiedene Pflanzen an. Das wäre nicht so bemerkenswert, stände der *Simmlhof* nicht auf kargen Böden im Bayerischen Wald. So sandig und steinig, dass Michael Simml jun. in seiner Gärtnerlehre lernte, Gemüsebau sei dort unmöglich.

Tatsächlich entwickelt sich ihr Gemüsebau aber sehr erfolgreich. Das wesentliche Erfolgsrezept liegt in der *Gründüngung* – dem häufigen Anbau von Grünland innerhalb der Fruchtfolgen. Für Michael Simml sen. ist das *wie Geld auf die Bank tragen*, nur *sicherer*. Während heutzutage ihr Dung üblicherweise als *Abfall* gilt, lässt *Der Bauer, der das Gras wachsen hört*, zudem keinen Zweifel daran, dass ein Bauer ohne Wiederkäuer für ihn kein richtiger Bauer ist. Denn die Mikroorganismen im Pansen produzieren besten Mist – für Michael Simml sen. unverzichtbar für die Bodenfruchtbarkeit: „Denn wenn es Ende ist mit dem Leben, ist es Ende mit dem Wachstum."

Kuh-Zunft (3) – Nachwort und Dank

Sommer 2008. Ein Zahnarzt feiert mit vielen Kollegen und alten Freunden seinen 60. Geburtstag. Am späteren Abend lande ich unversehens bei den Rauchern, wo mir der Qualm schnell zu viel wird. Als ich vergeblich versuche, mich unauffällig zu verziehen, tönt es mir freundlich ironisch grinsend hinterher: „Du sag mal nix, du mit deinen Kühen, was bei denen vorne und hinten alles rauskommt ...“

Das war er, der inoffizielle Start zu diesem Buch:

Denn der Irrtum, wonach wer *Kühe* sagt, nicht mehr *Agrar-Kultur* meint, sondern *Klima-Killer* assoziiert, allein weil sie Methan emittieren, zog inzwischen unüberhörbar immer weitere Kreise ... Höchste Zeit für eine Analyse, die alle dort hinstellt, wo sie hingehören:

– die interessengeleitete Wissenschaft auf den Boden der Tatsachen,

– die industrialisierte Landwirtschaft – als Bedrohung für Tiere und die gesamte Natur sowie das Klima – an den Pranger und

– Kuh und Co. – als nach wie vor unverzichtbare Wiederkäuer für uns Menschen auf dem Planeten Erde – wieder auf die grüne Wiese.

Der Kaiser ist schon lange nackt. Verdient wird nicht *in*, sondern *an* der Landwirtschaft: Denn das industrielle Agrarsystem verschmutzt, vergeudet und zerstört die Ressourcen. Die von heute und bereits die von morgen. Wir wachsen nicht, wir schrumpfen. Es geht um das System und somit generell darum, *wo und wie* die Produkte erzeugt worden sind: *Vegane* oder *vegetarische* Ernährung kann, aber muss nicht nachhaltig sein; ebenso wenig schädigen *tierische* Produkte generell Ressourcen. Deshalb gilt die Devise, nachhaltig zu produzieren und zu konsumieren, nicht nur für Fleisch und Milch, sondern auch für alle pflanzlichen Lebensmittel. Wir haben es in der Hand, die Fruchtbarkeit der Erde zu fördern und das Klima zu entlasten: Veggie-Day *und* Sonntagsbraten aus nachhaltiger Produktion. Wir haben nur eine ...

Mein herzlicher Dank gilt allen, die mir Zeit geschenkt haben – für lange Gespräche im Büro, am Küchentisch, am Telefon, auf der Weide.

Dankbar bin ich auch den tierischen Hauptakteuren dieses Buches! Für ihre kulturellen Leistungen, wie für die Begeisterung, Befriedigung und Ruhe, die das Zusammensein mit ihnen auslöst, ob im Allgäu, in der Prärie, im Donaumoos, in der Kalahari, im märkischen Sand, im Sahel ...

Mich erfüllt mit Freude, wie viele Menschen mir immer wieder Mut gemacht haben, über die wichtigen Schlussfolgerungen des Weltagrarberichts zum Boden hinaus, die Bedeutung von Grünland und Beweidung ins Zentrum der Diskussion um die künftige Agrarpolitik zu rücken.

Mut macht mir auch, dass Jonathan Safran Foers Buch *Tiere essen* eine neue Diskussion um den Fleischkonsum ausgelöst hat, und Simon Fairlys Buch *Meat* ebenfalls hervorhebt, dass die Art der Produktion – das System – über Umweltrelevanz und Produktqualität entscheidet.

Es gilt, künftig eine *Rinder-Kultur* zu schaffen, die diesen Namen verdient – für die Menschen, die Tiere und die fruchtbare Landschaft.

In diesem Sinne danke ich insbesondere den Menschen auf den Betrieben mit *Kuh-Zunft*, die in diesem Buch zu Wort kommen.

Ich freue mich sehr, dass *Die Kuh ist kein Klima-Killer!* nun als erstes Buch der neuen Reihe *Agrarkultur im 21. Jahrhundert* erscheint und danke dem Herausgeber und Vorstand der Schweisfurth-Stiftung, Professor Dr. Franz-Theo Gottwald, herzlich dafür.

Besonderer Dank gilt Christine von Weizsäcker und Professor Dr. Ernst von Weizsäcker für das Vorwort und der Vereinigung Deutscher Wissenschaftler (VDW) für die Unterstützung – insbesondere Professor Dr. Hartmut Graßl, Reiner Braun und Isabelle Toppe.

Auch bei Judith Isele, Ekkehard Külbs und Dr. Ursula Hudson-Wiedenmann bedanke ich mich herzlich – für geistige und kulinarische Höhenflüge im Vorfeld und während der Entstehung dieses Buches.

Dem Verleger des Metropolis-Verlages, Hubert Hoffmann, danke ich für die Kooperation und Brunhilde Bross-Burkhardt für das Lektorat. Zudem danke ich allen Fotografen, dem Deutschen Tierschutzbund für die Überlassung des Covermotivs sowie Winfried Koch und Walter Boßhammer für dessen Umsetzung.

Mein ganz besonderer Dank gilt Professor Dr. Gertrud Hardtmann und Barbara Mewes. Bärbel, du hast mir immer wieder strahlend helles Licht in Hirn und Seele gebracht!

Dr. Anita Idel, Berlin im Oktober 2010

Literaturverzeichnis

Abeln, G. (2010): Tierschutzrisiko muss unter Kontrolle sein. Interview mit Professor Klaus Troeger. Fleischwirtschaft 5/2010. Frankfurt/Main.

Albrecht, S. und A. Engel (2010) – siehe International Assessment of Agricultural Knowledge, Science and Technology for Development (IAASTD) (2009).

Aktuelles Wochenblatt der Landwirtschaftskammer NRW 51/2009, S. 31, Bonn und Münster.

Allaby, M. (1998): Oxford Dictionary of Plant Sciences. New York.

Anton, K. F. (Hrsg.) (1797): Ökonomisches Handbuch für Landwirthe. Leipzig.

Arndt, C. (2009): Mutterkuhhaltung – die ökologische Alternative für Grünlandstandorte in Osteuropa. Informationsbrief Ökolog. Landbau Mittel- und Osteuropas, Nr. 22 / 2009. EkoConnect (Hrsg.), Internation. Zentrum für den Ökolog. Landbau Mittel- und Osteuropa e. V., Dresden.

Asner, G. and S. Archer (2010): Livestock and the Global Carbon Cycle, pp 69-82. Steinfeld, H.; Mooney, H. et al. (Eds.), London.

Augsten, F. (1997): Die Organisation der Rinderzucht im Bezirk Erfurt von 1945 bis 1989. Dissertation Humboldt Universitär, Berlin.

Banzhaf, M.; Drabo, B. and H. Grell (2000): From conflict to consensus: towards joint management of natural resources by pastoralists and agro-pastoralists in the zone of Kishi Beiga, Burkina Faso. Securing the Commons (03). Book/Report – IIED SOS Sahel. London.

Bayerisches Staatsministerium für Umwelt, Gesundheit und Verbraucherschutz (StMUGV), Staatsinstitut für Schulqualität und Bildungsforschung (ISB) (Hrsg.) (o.J.): Lernort Boden. Schüleraktivitäten Boden mit allen Sinnen erleben und erfahren. München.

Behnecke, N. (1994): Der Mensch und seine Haustiere. Die Geschichte einer jahrtausendealten Beziehung. Stuttgart.

Bellarby, J.; Foereid, B.; Hastings, A. and P. Smith (2008): Cool Farming. Climate impacts of agriculture and mitigation potential. Aberdeen.

BfN (2009): Where have all the flowers gone? – Grünland im Umbruch. Hintergrundpapier und Empfehlungen des Bundesamtes für Naturschutz (BfN) zur Situation des Grünlandes. Aktualisierte Fassung. Bonn.

Bienerth, M. (2003): Rheinwald – europäischer Vorreiter für den Biolandbau. Amtliches Kommunikationsorgan für die Gemeinden Mittelbündens, 24.12.2003, o.S., Chur.

Bienerth, M. (2004): Du warst ein Grüner Spinner. In: Schweizer Bauer, 14.01.2004, o.S., Bern.

Bienerth, M. (2010): Alpechuchi. Lenzburg.

Böhm, M.; Hacker, H. et al. (Hrsg.) (2003): Auf der Hut. Hirtenleben und Weidewirtschaft. Neusath-Perschen.

Böhnel, H. (2001): Wasserbüffel: Haustier oder Wildtier? In: Spektrum – Informationen aus Forschung und Lehre 2-2001, S. 21., Göttingen.

Bommert, W. (2009): Kein Brot für die Welt. München.

Bonn, S. und P. Poschlod (1998): Ausbreitungsbiologie der Pflanzen Mitteleuropas. Grundlagen und kulturhistorische Aspekte. Wiesbaden.

Brackmann, M. (1999): Das andere Kuhbuch. Hannover.

Braun, R.; Brickwedde, F.; Held, T.; Neugebohrn, E. und O. von Uexküll (Hrsg.) (2009): Kriege um Ressourcen. München.

BUND (2010): Agrarsubventionen umverteilen. Hintergrundpapier des Bundes für Umwelt und Naturschutz Deutschland e.V. (BUND), Berlin.

Bunzel-Drüke, M. und M. Scharf (2003): Naturentwicklung mit Rindern und Pferden in der Lippeaue. Natur- und Umweltschutzakademie des Landes NRW (Hrsg.). NUA Seminarbericht Band 9. Lippe – Entwicklungen, Visionen, Flusskonferenz Lippe. Recklinghausen.

Bunzel-Drüke, M.; Drüke, J. und H. Vierhaus (1994): Quaternary Park – Überlegungen zu Wald, Mensch und Megafauna. ABUinfo 17/18, Heft 4/93, 1/94, Bad Sassendorf-Lohne.

Bunzel-Drüke, M.; Böhm, C.; Finck, P. et al. (2008): Wilde Weiden. Praxisleitfaden für Ganzjahresbeweidung in Naturschutz und Landschaftsentwicklung. Arbeitsgemeinschaft Biologischer Umweltschutz im Kreis Soest e.V. (ABU), Bad Sassendorf-Lohne.

Bunzel-Drüke, M.; Drüke, J.; Hauswirth, L. und H. Vierhaus (1999): Großtiere und Landschaft – Von der Praxis zur Theorie. In: Natur- und Kulturlandschaft, Band 3, S. 210-229, Höxter/Jena.

Busse, T. (2010): Die Ernährungsdiktatur. Warum wir nicht länger essen dürfen, was uns die Industrie auftischt. München.

Dalhede, C. (1992): Zum europäischen Ochsenhandel. Das Beispiel Augsburg 1560 und 1578, St. Katharinen.

Däubler, P. (2009): Inwertsetzung des Altbayerischen Oxenweges im Wittelsbacher Land. Hilpert, M. und D. Wörner (Hrsg.), S. 45-48, Augsburg.

Conant, R.T.; Paustian, K.; Del Grosso, S.J. and W.J. Parton (2005): Nitrogen pools and fluxes in grassland soils sequestering carbon. Nutrient Cycling in Agroecosystems, Vol 71, 3, pp 239-248, Heidelberg.

De Jode, Helen (Ed.) (2010): Modern and mobile – The future of livestock production in Africa's drylands. Internat.ional Institute for Environment & Development (IIED) and SOS Sahel Internat. UK; London u. Oxford.

Del Grosso, S.J.; Mosier, A.R.; Parton, W.J. and D.S. Ojima (2005): DAYCENT model analysis of past and contemporary agricultural soil N_2O and net greenhouse gas emissions in the USA. International Journal of Soil and Tillage Research, 83, pp 9-24, Amsterdam.

Deutscher Bauernverband (DBV) (Hrsg.) (2010): Landwirtschaft und Klimaschutz. Berlin.

Diamond, J. (2005): Collapse. How societies choose to fall or survive. New York.

Disney, W. (1955): Wunder der Prärie. Stuttgart.

Dixon, D. (2010): How Livestock Might Revitalize Degraded Agricultural Lands. Raising cattle and other livestock might prove key to combating the ongoing transformation of fertile fields into desert. Scientific American, June 7 2010, New York.

Ehlers, W. (2000): Schwerlast auf dem Ackerboden. Der Kritische Agrarbericht 2000. Agrarbündnis (Hrsg.)., S. 153-157, Kassel, Rheda-Wiedenbrück.

Elsäßer, M.; Jilg, T. und R. Over (2007): Projekt „Weidemilch" – erste Ergebnisse. top agrar 3/2007, R2, Münster.

Fairlie, Simon (2010): Meat. A Benign Extravagance, Hampshire.

FAO (2009a): Grasslands. Enabling their Potential to contribute to Greenhouse Gas Mitigation, Rome.

FAO (2009b): Livestock keepers – guardians of biodiversity. Animal Production and Health Paper. No. 167. Rome.

FAO (2009c): Food Outlook, December 2009, Rome.

Ferenc, G. (2009): Ochsenzucht und Ochsenhandel in Ungarn. Die Rolle des ungarischen Steppenrinds. In: Hilpert, M. u. D. Wörner (Hrsg.), S. 29-31.

Fester, T.; Peerenboom, E.; Weiß, M. und D. Strack (o.J.): Mycorrhiza. Inst. für Pflanzenbiochemie der Wilhelm-Gottlieb-Leibnitz-Gesellschaft, Halle.

Flachowsky, G. (2010): Ausschussdrucksache 17(10)101-C. Ausschuss für Ernährung, Landwirtschaft und Verbraucherschutz. Fragenkatalog für die Öffentliche Anhörung „Landwirtschaft und Klimaschutz", am Mittwoch, 22. Februar 2010 in Berlin.

Flachowsky, G. und W. Brade (2007): Potenziale zur Reduzierung der Methan-Emissionen bei Wiederkäuern. Züchtungskunde, 79, (6) S. 417-465, 2007, Stuttgart.

Flachowsky, G. (1975): Untersuchung zum Einsatz von Feststoffen der Schweinegülle in der Mastrinderernährung. Arch. Tierernährung (25), 2, pp 139-147.

Flachowsky, G. (1977): Studies on the use of decanted fat-solids from pig feces in the nutrition of fattening cattle. 2. Comparison of various types of rations. In: Arch Tierernahr. 1977; 27(1), pp 57-68.

Flachowsky, G. (1977): Use of swine excrements in feeding. Fortschrittsberichte für die Landwirtschaft und Nahrungsgüterwirtschaft, S. 15-54.

Flachowsky, G. und A. Hennig (1990): Composition and digestibility of untreated and chemically treated animal excreta for ruminants – A review. Biological Wastes, Vol 31, Issue 1, 1990, pp 17-36.

Flachowsky, G. und E.R. Orskov (1986): Rumen dry Matter Degradability of Various Pig Faeces and Chemically Treated Pig Slurry Solids. Archives of Animal Nutrition, Vol 36, Issue 10, October 1986, pp 905-913.

Flachowsky, G.; Ayalew, T.; Negesse, T. ; Banjaw, K. (1985): Feeding poultry litter to grazing Boran Zebu bulls and Ogaden sheep in Ethiopia. In: Archiv fuer Tierernaehrung 35(7) pp. 507-514.

Flachowsky, G.; Baldeweg, P.; Tiroke, K.; König, H. and A. Schneider (1990): Feed value and feeding of wastelage made from distillers grain solubles, pig slurry solids and ground straw treated with urea and NaOH. In: Biological Wastes, Vol 34, Issue 4-1990, pp 271-280.

Flachowsky, G.; Geissler, C. und H.J. Lohnert (1977): Untersuchungen zum Einsatz von dekantierten Feststoffen der Schweinegülle in der Mastrinderernährung. Arch. Tierernährung (27), 3, pp 225-233.

Flad, M. (1987): Hirten und Herden, hrsg. vom Landkreis Biberach. Bad Buchau.

Flannery, T. (2003): Ewige Pioniere. Eine Naturgeschichte Nordamerikas und seiner Bewohner. Zürich.

Florian Werner (2009): Die Kuh. Leben, Werk und Wirkung; München.

Follett, R.F.; J.M. Kimble, and R. Lal (2001): The Potential of U.S. Grazing Lands To Sequester Soil Carbon. Chapter 16 in: Follett, R.F.; Kimble, J.M. and R. Lal. (Eds.). The Potential of U.S. Grazing Lands to Sequester Carbon and Mitigate the Greenhouse Effect. Washington, DC..

Forum für Umwelt und Entwicklung (2002): Livestock Diversity: Keepers' Rights, Shared Benefits and Pro-Poor Policies. Documentation of a Workshop with NGOs, Herders, Scientists, and FAO Organised by: League for Pastoral Peoples and German NGO Forum on Environment and Development, in cooperation with CENESTA/CEESP. NGO/CSO FORUM For Food Sovereignty, 8-13 June 2002, Rome.

LPP, LIFE Network, IUCN-WISP and FAO (2010): Adding value to livestock diversity – Marketing to promote local breeds and improve livelihoods. FAO Animal Production and Health Paper. No. 168. Rome.

Fraiture, C. de; Wichelns, D.; Rockström, J. et al. (2007): Looking ahead to 2050: Scenarios of alternative investment approaches. Molden, D. (Ed.). Water for food, water for life: A comprehensive assessment of water management in agriculture. London, Colombo.

Franzluebbers, A. and R. Follett (2005): Greenhouse gas contributions and mitigation potential in agricultural regions of North America – Introduction. In: Soil & Tillage Research 83, pp 1-8, Amsterdam.

Froehner, R. (1954): Kulturgeschichte der Tierheilkunde. 1. Bd., Konstanz.

Galloway, J.; Dentener, F.; Burke, M. et al. (2010): The Impact of Animal Production Systems on the Nitrogen Cycle. Steinfeld, H., Mooney, H.; Schneider, F. and L. Neville (Eds.), pp 83-95, London.

Gijsbers, W. (1999): Kapitale ossen. De internationale handel in slachtvee in Noordwest-Europa (1300-1750). Hilversum.

Goodland, R. and J. Anhang (2009): Livestock and Climate Change. World Watch, November/December 2009, pp 10-19, Washington.

Gottwald, F.-T. und F. Fischler (Hrsg.) (2007): Ernährung sichern weltweit. Bericht an die Global Marshall Plan Initiative. Hamburg.

Granz, E.; Weiss, J.; Pabst, W. und K. Strack (1990): Tierproduktion. Berlin und Hamburg.

Grefe, C. (2009): Wertvoller Boden. Die ZEIT, Nr. 20, S. 35.

Grell, H. (1993): A Future for Pastoralism. Development strategies and approaches of the Deutsche Gesellschaft für Technische Zusammenarbeit in the field of Pastoral Livestock Development. Vortrag auf dem Symposium „Interdisziplinäre Forschung zur Tierhaltung im Sahel", 28./29. Oktober 1993, Göttingen.

Grillmaier, A. (2009): Offene Forschungsfragen zum Ochsenweg. Hilpert, M. und D. Wörner (Hrsg.), S. 33-38, Augsburg,

Grzimek, B. und M. Grzimek (2009): Serengeti darf nicht sterben. München.

Guo, L. and R. Gifford (2002): Soil carbon stocks and land use change. A meta analysis. Global Change Biol. 8, pp 345-360, Oxford.

Haddad, M. J. and D. Sarkar (2003): Glomalin, a newly discovered component of soil organic matter. Environmental Geosciences 2003 no. 3; pp 91-98.

Haiger, Alfred (2005): Naturgemässe Tierzucht. Leopoldsdorf.

Harvey, G. (2008): The Carbon Fields. Grassroots, Bridgwater Somerset.

Heißenhuber, Alois (2010): Ausschussdrucksache 17(10)101-E. Ausschuss für Ernährung, Landwirtschaft und Verbraucherschutz. Fragenkatalog für die

Öffentliche Anhörung „Landwirtschaft und Klimaschutz“ am Mittwoch, 22. Februar 2010 in Berlin.

Heißenhuber, A. und M. Zehetmeier (2010): Ökonomische und ökologische Aspekte der Nutzung von Biomasse durch den Wiederkäuer. 23. Hülsenberger Gespräche. 2. Juni 2010 in Lübeck.

Helfrich, S. und Heinrich-Böll-Stiftung (Hrsg.) (2009): Wem gehört die Welt? Zur Wiederentdeckung der Gemeingüter. München.

Hellebrand, H.J., Scholz, V., Kern, J. and Y. Kavdir (2005): N_2O-Freisetzung beim Anbau von Energiepflanzen. Landtechnik 5/2005: 272-273.

Hennig, A.; Flachowsky, G.; Wolfram, D.; Loehnert, H.J. und I. Wolf (1981): Use of pig slurry [as protein source] in feedlot cattle. Biologizace a Chemizace Zivocisne Vyroby – Veterinaria, Vol. 17(6) pp 525-530.

Hesse, C.; Morton, J.; Nyangena, W. et al. (2009). Dryland Opportunities: A new paradigm for people, ecosystems and development, IUCN, Gland, Switzerland; IIED, London, UK and UNDP/DDC, Nairobi.

Hessisches Landesamt für Umwelt und Geologie (Hrsg.) (2003): Unter den Füßen – aus dem Sinn? Boden(schutz) in Bildung und Öffentlichkeitsarbeit. Böden und Bodenschutz in Hessen, Heft 5. Wiesbaden.

Hill, Th.; Zich, B.; Müller, M.J. et al. (2002): Von Wegen. Auf den Spuren des Ochsenweges (Heerweg) zwischen dänischer Grenze und Eider. Flensburger Regionale Studien Band 12, Flensburg.

Hilpert, M. und D. Wörner (Hrsg.) (2009): Der Altbaierische Oxenweg. Institut für Geographie der Universität Augsburg, Sonderband zum ersten internationales Symposium am 15. Juli 2008, Augsburg.

Hirschfeld, J.; Weiß, J.; Preidl, M. und T. Korbun (2008): Klimawirkungen der Landwirtschaft in Deutschland. Schriftenreihe des IÖW 186/08, Berlin.

Huber, F. (1988): Unsere Tiere im alten Bayern. Eine Geschichte der Nutztiere. Pfaffenhofen.

Huber, M. (2009): Die ungarischen Ochsenwege durch Oberösterreich. Hilpert, Markus und Daniela Wörner (Hrsg.), S. 65-66, Augsburg.

Hudson-Wiedenmann, U. und A. Idel (2009): Statt eines Abschieds vom Fleisch – Tierische Weidehaltung! journal culinaire No 9 2009 Fleisch, Wurzer & Vilgis (Hrsg.), S. 90-93, Münster.

Hülsbergen, K.-J. (2008): Kohlenstoffspeicherung in Böden durch Humusaufbau. Kuratorium für Technik und Bauwesen in der Landwirtschaft e.V. (KTBL), Klimawandel und Ökolandbau – Situation, Anpassungsstrategien und Forschungsbedarf; KTBL-Tagung vom 1. bis 2. Dezember 2008 in Göttingen, KTBL-Schrift 472, S.65-80.

IAASTD (2009) – siehe International Assessment of Agricultural Knowledge, Science and Technology for Development (IAASTD).

Idel, A. (2010): Wir haben es in der Hand. Einleitung in: Schweisfurth, K.L., Tierisch gut, S. 8-35, Frankfurt Main.

Idel, A. (2009a): 25 Jahre Klonforschung an Tieren. In: Landwirtschaft 2010. Der Kritische Agrarbericht. Hrsg. Agrarbündnis, S. 221-227, Hamm.

Idel, A. (2009b): Tierische Perspektiven. Zu den Bedingungen des Erhalts und der nachhaltigen Entwicklung genetischer Ressourcen. In: Helfrich, S. und Heinrich-Böll-Stiftung (Hrsg.) (2009), S. 156-163, München.

Idel, A. (2008): Wem gehört die Fruchtbarkeit? Herzog-Schröder, G.; Gottwald, F.-T. und V. Walterspiel (Hrsg.) Fruchtbarkeit unter Kontrolle? Zur Problematik der Reproduktion in Natur und Gesellschaft. S. 345-380, Frankfurt/New York.

Idel, A. (1999): Tierschutzaspekte bei der Nutzung unserer Haustiere für die menschliche Ernährung und als Arbeitstier im Spiegel agrarwissenschaftlicher und veterinärmedizinischer Literatur aus dem deutschsprachigen Raum des 18. und 19. Jahrhunderts. Diss. med. vet., Freie Universität, Berlin.

Idel, A. und S. Gura (2008): Überfluss im Norden – Raubbau im Süden. Welternährung und Ökolandbau, Ökologie & Landbau 4/2008, Stiftung Ökologie & Landbau, S. 29-32, Bad Dürkheim.

Inagaki, F.; Nunoura, T.; Nakagawa, S. et al. (2006): Biogeographical distribution and diversity of microbes in methane hydrate-bearing deep marine sediments on the Pacific Ocean Margin. Proceedings of the National Academy of Sciences, Bd. 103, pp 2815-2820, Washington.

Intergovernmental Panel on Climate Change (IPCC) (2007): Climate Change 2007. IPCC Fourth Assessment Report. The Physical Science Basis. Geneva.

IPCC (2007): Climate Change 2007: Impacts, Adaptation and Vulnerability. Contribution of Working Group II to the Fourth Assessment Report of the Intergovernmental Panel on Climate Change. M.L. Parry, O.F. Canziani, J.P. Palutikof, P.J. van der Linden and C.E. Hanson (eds.). Cambridge, UK. pp 391-431,

International Assessment of Agricultural Knowledge, Science and Technology for Development (IAASTD) (2009): Agriculture at a Crossroads. Washington.

International Assessment of Agricultural Knowledge, Science and Technology for Development (IAASTD) (2009): Weltagrarbericht. Synthesebericht. Deutsche Übersetzung. Albrecht, S. und A. Engel (Hrsg.). Hamburg.

IÖW, Öko-Institut e.V., Schweisfurth-Stiftung, FU Berlin, Landesanstalt für Großschutzgebiete (Hrsg.) (2004): Agrobiodiversität entwickeln! Handlungsstrategien für eine nachhaltige Tier- und Pflanzenzucht. Endbericht. Berlin.

IPCC (2007) siehe Intergovernmental Panel on Climate Change.

Isele, J. (2004): Die Identifizierung angepasster Mutterlinien als Resultat der Genotyp-Umweltinteraktion in einer namibischen Rinderherde. 20 Jahre dokumentierte Fleischrinderzucht auf Farm Garib. Diplomarbeit am Fachbereich Ökologische Agrarwissenschaften der Universität Kassel.

Isele, J. (2008): Ein praktisches Manuskript zum stressarmen Umgang mit Nutzvieh. Living Agri-Culture. Unveröffentlichtes Manuskript für Schulungen, Springbockvley, Namibia.

Isermeyer, F. (2010): Ausschussdrucksache 17(10)101-F. Antworten des Johann Heinrich von Thünen-Instituts (vTI) für die öffentliche Anhörung des Ausschusses für Ernährung, Landwirtschaft und Verbraucherschutz des Deutschen Bundestages „Landwirtschaft und Klimaschutz", am 22. Februar 2010 in Berlin.

Ivemeyer, S.; Maeschli, A.; Walkenhorst, M.; Klocke, P.; Heil, F.; Oser, S. und C. Notz (2008) Auswirkungen einer zweij. Bestandesbetreuung von Milchviehbeständen hinsichtlich Eutergesundheit, Antibiotikaeinsatz und Nutzungsdauer. Schweizer Archiv f. Tierheilkunde, 150 (10), S. 499-505.

Jacobeit, W. (1961): Schafhaltung und Schäfer in Zentraleuropa bis zum Beginn des 20. Jahrhunderts. Berlin.

Jankuhn, H. (1969): Vor- und Frühgeschichte vom Neolithikum bis zur Völkerwanderungszeit. Stuttgart.

Jones, P. (2009): How Donkeys may help Farmers adapt to Climate Change. Paper at the conference on "Strengthening Local Agricultural Innovations to Adapt to Climate Change" at the Institute of Resource Assessment (IRA) University of Dar es Salaam, Tanzania, 24-27 August 2009.

Kampschulte, J. (2009): Doppelnutzung statt Hochleistung. Ein Beitrag zur Klimadiskussion. Vortrag auf der 5. Frankenhauser Züchtertagung am 7.11.2009 in Frankenhausen.

Keller, O.; Drepper, K. und K. Rohr (1984): Grundzüge der Fütterungslehre. Pareys Studientexte 43, 16. Auflage. Hamburg und Berlin.

Kiely, G.; Leahy, P.; Sottocornola, M. et al. (2009): CELTICFLUX – Measurement and Modelling of Greenhouse Gas Fluxes from Grasslands and a Peatland in Ireland. EPA STRIVE Programme 2007-2013, STRIVE Report. Environmental Protection Agency 2009 (Ed.), Johnstown Castle Estate, County Wexford, Ireland.

Klapp, E. (1954): Wiesen und Weiden. Berlin und Hamburg.

Koenigswald, W. von (2002): Lebendige Eiszeit. Klima und Tierwelt im Wandel. AG für biologisch-ökolog. Landeserforschung. Münster Westfalen.

Koehler-Rollefson, I. and H.S. Rathore (2005): The LIFE-Method: A People-Centred Conceptual and Methodological Approach to the Documentation of Animal Genetic Resources. Tropentag 2005, Stuttgart-Hohenheim.

Koneswaran G. and D. Nierenberg (2008): Global farm animal production and global warming: impacting and mitigating climate change. Environ. Health Perspect. 116:578–582.

Krasinska, M. und Z. Krasinski (2008): Der Wisent. Hohenwarsleben.

Kratochwil, A. und A. Schwabe (2001): Evolution, Coevolution and Biodiversity. Box, E. and S. Pignatti. Vol IV: The Living World. (2): Discovery and Spoliation of the Biosphere. pp. 395-419. San Diego.

Landwirtschaftskammer NRW (2009): http://www.landwirtschaftskammer.de.

Lensch, J. (1987): Problems and Prospects of Cattle and Buffalo Husbandy in India with Special Reference to the Concept of „Sacred Cow“. Hamburg.

Liebhardt, W. (2009): Zum internationalen Ochsenhandel im südbayerischen Raum. In: Hilpert, M. und D. Wörner (Hrsg.), S. 17-20, Augsburg.

Lin, L-H.; Wang, P-L.; Rumble, D. et al. (2006): Long term biosustainability in a high energy, low diversity crustal biome. Science. Bd. 314, Nr. 5798, 2006, pp 479-482.

Loeffler, K. (1978): Anatomie und Physiologie der Haustiere. Stuttgart.

Luke, K. (1989): Die Entwicklung der Tierhaltung in Deutschland bis zum Beginn der Neuzeit. Saarbrücken, Fort Lauderdale.

Lundqvist, J.; de Fraiture, C. and D. Molden (2008): Saving Water: From Field to Fork. Curbing losses and wastage in the food chain. Draft for CSD, May 2008, Paper 13, p 9, Stockholm.

Mäder, P.; Fließbach, A.; Dubois, D.; Gunst, L.; Fried, P. and U. Niggli (2002): Soil fertility and biodiversity in organic farming. Science, Vol 296, pp. 1694-1697.

Maier, H. (2009): Der Rinderflüsterer. Stuttgart.

Manning, R. (1995): Grassland. The History, Biology, Politics and Promise of the American Prairie. New York.

Manzano, P. and J. Malo (2006): Extreme long-distance seed dispersal via sheep. Front Ecol Environ 2006; 4(5), pp 244-248.

Montgomery, D. R. (2010): Dreck. Warum unsere Zivilisation den Boden unter den Füßen verliert. München.

Moor, D. (2009): Was wir nicht haben, brauchen Sie nicht. Geschichten aus der arschlochfreien Zone. Reinbek bei Hamburg.

Mortimore, M. (2009). Dryland Opportunities: A new paradigm for people, ecosystems and development, IUCN, Gland, Switzerland; IIED, London, UK and UNDP/DDC, Nairobi.

Nassef, M.; Anderson, S. and C. Hesse (2009): Pastoralism and Climate Change – enabling adaptive capacity. Humanitarian Policy Group. HPG commissioned report. London.

Neely, C.; Bunning, S. and A. Wilkes (Eds.) (2009): Review of evidence on drylands pastoral systems. Implications and opportunities for mitigation and adaptation. FAO, Rome, 2009.

Nitsch, H.; Osterburg, B. und W. Roggendorf (2009): Landwirtschaftliche Flächennutzung im Wandel – Folgen für Natur und Landschaft. Eine Analyse agrarstatistischer Daten. Naturschutzbund Deutschland e.V. (NABU) und Deutscher Verband für Landschaftspflege (DVL) e.V. (Hrsg.), Berlin und Ansbach.

Nori, M. and J. Davies (2007): Change of Wind or Wind of Change? Report on the econference on Climate Change, Adapation and Pastoralism, organised by the World Initiative for Sustainable Pastoralism. Gland.

Pfeil, K. (2003): Rationen für 45 kg Milch – bestes Grundfutter allein reicht nicht! In: Nutztierpraxis aktuell, Ausgabe 6, S. 32-35.

Picton, H. (2005): Buffalo. Natural-History & Conservation. Stillwater.

Pimentel, D. (2009): Energy Inputs in Food Crop Production in Developing and Developed Nations. In: *Energies* 2009, *2*, pp 1-24.

Pollan, M. (2009): Omnivore's Dilemma. The Search for a perfect Meal in a Fast Food World. Bloomsbury, London, Berlin, New York.

Poland, M.; Hammond-Tooke, D. and L. Voigt (2005): The Abundant Herds. Vlaeberg.

Poppinga, O. (2009): Gedanken zum Thema „Die Kuh und das Klima". Bauernstimme, Zeitschrift der AG Bäuerl. Landwirtschaft 11-2009, S. 3.

Poschlod, P. and S. Bonn (1998): Changing dispersal processes in the central European landscape since the last ice age – an explanation for the actual decrease of plant species richness in different habitats. Acta Botanica Neerlandica 47, pp 27-44.

Postler, G. (2002): Naturgemäße Rinderzucht. Ganzheitliche Betrachtungsweisen in der naturgemäßen Viehwirtschaft. Herrmannsdorf.

Ragauskas, A.; Williams, C.; Davison, B. et al. (2006): The Path Forward for Biofuels and Biomaterials. Science Vol. 311. no. 5760, pp. 484-489.

Rahmann, G.; Aulrich, K.; Barth, K.; Böhm, H.; Koopmann, R.; Oppermann, R.; Paulsen, H.M. und F. Weißmann / Landbauforschung – vTI Agriculture and Forestry Research 1/2 2008 (58), pp 71-89.

Ramaswamy, N.S. and C.L. Narasimhan (1984): India's Animal Drawn Vehicles. An interdisciplinary survey of designs and operations. Indian Institute of Management (Ed.), Bangalore.

Regionales Informationszentrum der Vereinten Nationen für Westeuropa (UNRIC): Finanzdienstleistungen und Klimawandel. Gefahren, Chancen und praktische Antworten. 9. November 2009, Nairobi und Bonn.

Reichholf, J. (2004): Der Tanz um das goldene Kalb. Der Ökokolonialismus Europas. Berlin.

Riemann, K.-F. (1953): Ackerbau und Viehhaltung im vorindustriellen Deutschland. Kitzingen/Main.

Rifkin, J. (1994): Das Imperium der Rinder. Frankfurt und New York.

Sachverständigenrat für Umweltfragen (SRU) (2009): Für eine zeitgemäße Gemeinsame Agrarpolitik (GAP). Stellungnahme Nr. 14, November 2009, Berlin.

Sambraus, H. H. (1999): Atlas der Nutztierrassen. Stuttgart.

Sambraus, H. H. (1999): Gefährdete Nutztierrassen. Stuttgart.

Sambraus, H. H. (2006): Exotische Rinder. Wasserbüffel, Bison, Wisent, Zwergzebu, Yak. Stuttgart.

Santillo-Frizell, B. (2009): Arkadien – Mythos und Wirklichkeit. Köln, Weimar, Wien.

Schaber, Romuald (2010): Blutmilch. Wie die Bauern ums Überleben kämpfen. München.

Scheibe, K., Hofmann, R. und U. Lindner (1999): Rekonstruktion natürlicher Ökosysteme unter Berücksichtigung der ursprünglichen Großsäuger-Artengemeinschaft – Chancen für großräumigen Naturschutz. In: Jahrbuch Dachverband Bergbaufolgelandschaften e.V.. Dessau.

Schirmer, U. (1996): Der ober- und westdeutsche Schlachtviehbezug vom Buttstädter Markt im 16. Jahrhundert. In: Jahrbuch für fränkische Landesforschung 56, S. 259-282, Stegaurach.

Schöller, R.G. (2003): Schlachtvieh aus Ungarn. Interregionale Fleischversorgung in Süddeutschland, aufgezeigt anhand des Transithandels mit ungarischen Ochsen. In: Böhm, M.; Hacker, H.; Heimrath, R. et al. (Hrsg.), S. 249-268, Neusath-Perschen.

Schuler, C. (2008): Futter und Agro-Kraftstoff – Flächenkonkurrenz im Doppelpack. Studie zum Sojaanbau für die Erzeugung von Fleisch und Milch und für den Agrokraftstoffeinsatz in Deutschland 2007. Erstellt im Auftrag des Bund für Umwelt und Naturschutz Deutschland (BUND); Berlin.

Schulze, E. (1995): 7500 Jahre Landwirtschaft in Deutschland. Leipzig.

Schulze, E. D. (2010): Ausschussdrucksache 17(10)101-D. Ausschuss für Ernährung, Landwirtschaft und Verbraucherschutz. Fragenkatalog für die Öffentliche Anhörung „Landwirtschaft und Klimaschutz“ am Mittwoch, 22. Februar 2010 in Berlin.

Schulze, E. D.; Luyssaert, S.; Ciais, P.; Freibauer, A.; Janssens I. et al. (2009): Importance of methane and nitrous oxide for Europe's terrestrial greenhouse-gas balance. Nature Geoscience, pp 842-850.

Schweisfurth, K. L. (1999): Wenn's um die Wurst geht. München.

Schweisfurth, K. L. (2010): Tierisch gut. Frankfurt am Main.

Smith, B. (1998): Mowing 'Em. A Guide to Low Stress Animal Handling. The Graziers Hui, Hawaii.

Soom, A. (1954): Der Herrenhof in Estland im 17. Jahrhundert. Lund.

Starkey, P. and P. Kaumbutho (Eds.) (1999): Meeting the challenges of animal traction. A resource book of the Animal Traction Network for Eastern and Southern Africa (ATNESA). London.

Steinberger, S.; Rauch, P. und H. Spiekers (2009): Vollweide mit Winterkalbung – Erfahrungen aus Bayern. Bayerische Landesanstalt für Landwirtschaft (LfL), Schriftenreihe der LfL 8, S. 42-47.

Steinfeld, H. (2009): Nutztiere und Umwelt – Globale Situation und Handlungsoptionen. Schweizerische Vereinigung für Tierproduktion. Schweizerische Hochschule f. Landw. (SHL), 28.04.2009, Zollikofen.

Steinfeld, H.; Gerber, P.; Wassenaar, T.; Castel, V.; Rosales, M. et C. de Haan (2006): Livestock's Long Shadow: Environmental Issues and Options. Food and Agriculture Organization of the United Nations. Rome.

Steinfeld, Henning, Mooney, Harol A.; Schneider, Fritz and Laurie E. Neville (Eds.) (2010): Livestock in a Changing Landscape. Vol. 1 Drivers, Consequences, Responses. Swiss Collage of Agriculture SHL. Scientific Committee on Problems of the Environment (SCOPE). Washington, Covelo, London.

Steinwidder, A. und W. Starz (2007): Ergebnisse bei der Umstellung auf Vollweidehaltung von Bio-Milchkühen im österreichischen Berggebiet. In: Beiträge zur 9. Wissenschaftstagung Ökologischer Landbau „Zwischen Tradition und Globalisierung". Universität Hohenheim, 20.-23. März 2007, Band 2, 529-532.

Succow, M. (2000): Zehn Jahre danach. Der Weg der Großschutzgebiete im Osten Deutschlands. In: Naturschutz heute. Naturschutzbund Deutschland e.V. (Hrsg.), Ausgabe 3-00.

Soussana, J.F.; Allard, V.; Pilegaard, K. et al. (2007): Full accounting of the greenhouse gas (CO_2, N_2O, CH_4) budget of nine European grassland sites. Agriculture, Ecosystems and Environment 121 (2007), pp 121-134.

Sutti, J.; Reynolds, S. and C. Batello (Eds.) (2005): Grasslands of the World. FAO, Rom 2005.

Taube, F. (2009): Klimawandel und Futterbau. In: Berendonk, C. und G. Riehl (Hrsg.): Futterbau und Klimawandel, 53. Jahrestagung der AG Grünland und Futterbau in der Gesellschaft für Pflanzenbauwissenschaften, 27. – 29. August 2009 in Kleve, S. 7-24, Bonn und Münster.

Taylan, K. und W. Truchsess von Wetzhausen (2007): Die Rückkehr der Büffel. Tierdokumentation.

Tebbe, C. (2002): Bodenmikroorganismen – die verborgene Vielfalt. Forschungsreport 2/2002, FAL Braunschweig.

Tennigkeit, T. and A. Wilkes (2008): An assessment of the potential for carbon finance in rangelands. Working paper No. 68, Kunming.

The Royal Society (2009): Reaping the benefits. Science and the sustainable intensification of global agriculture. RS Policy document 11/09, London.

Thuiller, W.; Lavorel, S.; Araújo, M. et al. (2005): Climate change threats to plant diversity in Europe. National Academy of Sciences of the USA 102, 23:8245-8250, Washington.

Tierärztliche Vereinigung für Tierschutz e.V. (2005): Artgerechte Haltung von Wasserbüffeln. Merkblatt Nr. 102, Bramsche.

Tierschutzschlachtverordnung (TierSchlV) vom 03. März 1997 (BGBI I S 405) Anlage 3 (zu § 13 Abs. 6).

Tilman, D.; Hill, J. and C. Lehman (2006): Carbon-negative biofuels from low-input high biodiversity grassland biomass. Science Vol. 314, pp 1598-1600.

Trampenau, L. (2007): Beurteilung alternativer Schlachtmethoden im Hinblick auf die Verringerung der Furcht von Rindern. Diplom I. Ökologische Agrarwissenschaften Universität Kassel.

Tyson, K.; Roberts, D.; Clement, C. and E. Garwood (1990): Crops and Soils. Comparison of crop yields and soil conditions during 30 years under annual tillage or grazed pasture. The Journal of Agricultural Science 115, pp 29-40, Cambridge.

UN Integrated Regional Information Networks (IRIN) (2007): Africa – Can pastoralism survive in the 21st century?

Vasold, M. (1991): Pest, Not und schwere Plagen. Seuchen und Epidemien vom Mittelalter bis heute. München.

Vogtherr, H.-J. (1986): Die Geschichte des Brümmerhofes. Uelzen.

Voisin, A. (1958): Die Produktivität der Weide. München, Bonn, Wien.

Voisin, A. (1988): Grass Productivity. Washington.

WBGU (Wissenschaftlicher Beirat der Bundesregierung Globale Umweltveränderungen) (2009): Welt im Wandel – Zukunftsfähige Bioenergie und nachhaltige Landnutzung. WBGU, Berlin.

Weltmeisterlicher Käse: Gut für Gaumen und Gemeinde bioaktuell 4/10 5.

Werner, F. (2009): Die Kuh. Leben, Werk und Wirkung. München.

Westermann, E. (2008): Zur Struktur des ostmittel- und mitteleuropäischen Handels mit Ochsen 1470 – 1620. In: Scripta Mercaturae, Jg. 42, Heft 2/2008, S. 137-183, St. Katharinen.

Westermann, E. (Hrsg.) (1979): Internat. Ochsenhandel (1350-1750). Akten des 7th International Economic History Congress Edinburgh 1978. Stuttgart.

Weiler, V. (2009): Treibhausgas-Emissionen aus der Landwirtschaft. Eine quellenkritische Auseinandersetzung mit einer ausgewählten Studie zu Klimawirkungen. Diplomarbeit, Universität Kassel.

White, R., Murray, S. and M. Rohweder (2000): Pilot analysis of global ecosystems. Grassland Ecosystems. WRI, Washington; Grace, J., San Jose, J., Meir, P., Miranda, H. and R. Montes. 2006. Productivity and carbon fluxes of tropical savannas. Journal of Biogeography 33: 387-400.

Wiese, H. und J. Bölts (1966): Rinderhandel und Rinderhaltung im nordwesteuropäischen Küstengebiet vom 15. bis zum 19. Jahrhundert. Stuttgart.

Winckler, G.; Rochette, R.; Reïj, C. et al. (1995): Approche Gestion de terroirs au Sahel, analyse et évolution. Rapport de mission OECD/CILSS/CdS, Paris.

Wirths, F. (2010): Tierschutzrelevante Missstände bei der Schlachtung und Möglichkeiten der Verbesserung. bpt-info 9, 2010, S. 11-12. Frankfurt am Main.

Wolf, B.; Zheng, X.; Brüggemann, N.; Chen, W.; Dannenmann, M.; Han, X.; Sutton, M. A.; Wu, H; Yao, Z. and K. Butterbach-Bahl (2010): Grazing-induced reduction of natural nitrous oxide release from continental steppe. Nature No. 7290 Vol. 464, pp 881-884.

Zehetmeier, M. (2009): Einfluss einer Leistungssteigerung in der Milchviehhaltung auf Treibhausgasemissionen, Nahrungsmittelproduktion, Wirtschaftlichkeit und Art der Flächennutzung. Masterarbeit, TU, München-Weihenstephan.

Zepf, V. (2009): Storytelling und Erlebbarkeit. Die Themendörfer im Altbayerischen Oxenweg. In: Hilpert, M. u. D. Wörner (Hrsg.), S. 49-53.

Ein Teil der Informationen für dieses Buch basieren auf meiner Recherche für *German Watch* (GW) und die *Arbeitsgemeinschaft bäuerliche Landwirtschaft* (AbL) „Tierhaltung, Klima, Ernährung und ländliche Entwicklung“ (Arbeitstitel).

Fotonachweis

Fotos auf dem Cover: Titelbild: Weidende Kuh, Michaela Braun

Buchrückseite: Andreas Schoelzel, http:/www.schoelzel.det

S. I Braunvieh, Martin Bienerth, http://www.alpsicht.ch.

S. I Wasserbüffel, Steffen Freiling, http://www.steffenfreiling.de.

S. II Galloway-Kühe mit Kälbern, Anita Idel, www.anita-idel.de.

S. II Galloway-Kühe mit Kälbern, Anita Idel, www.anita-idel.de.

S. III Galloways und Wasserbüffel, www.anita-idel.de.

S. III Galloways und Wasserbüffel, www.anita-idel.de.

S. IV Nguni-Rinder, Ekkehard Külbs.

S. IV Damara-Schafe, Ekkehard Külbs.

S. V Merino-Schafherde, Leonie Schaefer / VDL.

S. V Merino-Schwarzkopf-Rhönschafherde, Günther Czerkus.

S. VI Ungarische Steppenrinder, Ulrich Frohnmeyer.

S. VI Murnau-Werdenfelser Rinder, Rupert Ebner.

S. VII Murnau-Werdenfelser Rinder, Rupert Ebner.

S. VII Murnau-Werdenfelser Rinder, Rupert Ebner.

S. VIII Taurus-Rinder, Margret Bunzel-Drüke, http://www.abu-natur schutz.de.

S. VIII Wisente, Margret Bunzel-Drüke, http://www.abu-naturschutz.de.

S. IX Taurus-Rinder, Margret Bunzel-Drüke, http://www.abu-natur schutz.de.

S. IX Wisente, Margret Bunzel-Drüke, http://www.abu-naturschutz.de.

S. X Junger Wasserbüffel – Steffen Freiling

S. X Fleckviehherde – Heiko Hellwig, www.heikohellwig.com.

Endnotenverzeichnis

Kapitel 1:

[i] Vgl. Granz, E. et al. (1990): S. 52-57 und S. 214-234. Loeffler, K. (1978): S. 227-238 und S. 262. Keller, O.; Drepper, K. und K. Rohr (1984): bes. S. 26.

[ii] Augsten, F. (1997), S. 166-168.

[iii] Woll, E. (2010): Spiegel online, 19.04.2010.

http://einestages.spiegel.de/static/authoralbumbackground/6283/experiment_mit _todesfolgen.html. Woll, E. (2010): Spiegel online, 22.02.2010. http:// eines tages. spiegel.de/static/authoralbumbackground/6068/fleischproduktion_ mit_ beigeschmack.html.

[iv] Dementgegen wurde in der DDR seit den 1960er Jahren eine Dreirassen-kreuzung, das *Schwarzbunte Milchrind* (SMR) für die überwiegende Fütterung mit Gras gezüchtet. http://de.wikipedia.org/wiki/Jersey-Rind.

Vgl. IÖW, Öko-Institut, Schweisfurth-Stiftung, FU-Berlin, LAGS (Hrsg.) (2004). Vgl. die Fallstudie zum Rind unter http://www.agrobiodiversitaet.net.

[v] http://www.fao.org/docrep/004/x6518e/X6518E03.htm.

[vi] Zur Verfütterung von Schweinegülle und Geflügelmist vgl. diverse Literatur von Flachowsky, G.

[vii] http://idw-online.de/pages/en/news61043. www.nutztierfuttermittel.info/43. html.

[viii] Pfeil, K. (2003). http://www.ava1.de/pdf/artikel/rinder/pfeil.pdf.

Kapitel 3:

[i] Inagaki, F.; Nunoura et al. (2006). Lin, L-H.; Wang, P-L.; Rumble, D. et al. (2006).

[ii] Haddad, M. J. and D. Sarkar (2003). Fester, T.; Peerenboom, E. et al. (o.J.).

[iii] Koenigswald, W. von (2002): S. 34.

[iv] Das gilt für den begrenzt verfügbaren Phosphor und auch für Zink und Stickstoff.

Haddad, M. J. and D. Sarkar (2003). Fester, T.; Peerenboom, E. et al. (o.J.).

[v] In Deutschland insbesondere: http://www.regenwald.org; http://www.robin wood.de; http://www.foeeurope.org; http://www.nabu.de; http://www.bund.net.

[vi] Reichholf, J. H. (2004): S. 126-127.

[vii] Vgl. Kiely, G.; Leahy, P. et al. (2009). Tennigkeit, T. and A. Wilkes (2008).

[viii] https://www.regenwald.org.

Kapitel 4:

[i] Sutti, J. M.; Reynolds, S. G. and C. Batello (Eds.) (2005).

White, R., Murray, S. and M. Rohweder (2000): pp 387-400. WBGU (2009): S. 37-39.

[ii] Zum CO2-Speicherpotential von Grünland vgl. FAO (2009a).

[iii] White, R., Murray, S. and M. Rohweder (2000).

[iv] Sutti, J. M.; Reynolds, S. G. and C. Batello (Eds.) (2005): Grasslands of the World.

[v] Reichholf, J.H. (2004): S. 126-127.

[vi] Guo, L. and R. Gifford (2002): pp 345-360.

[vii] Tilman, D.; Hill, J. and C. Lehman (2006): pp 1598-1600.

[viii] Tilman, D.; Hill, J. and C. Lehman (2006): pp 1598-1600.

[ix] Tyson, K. C.; Roberts, D. H.; Clement, C. R. and E. A. Garwood (1990): pp 29-40.

[x] Graham, H. (2008): pp 16-17. www.grassrootsfood.co.uk.

[xi] Projekt zum Wiesenschutz des BUND: http://www.bund.net/ index. php?id= 4806.

[xii] *Lebendige Erde*, so lautet seit 1950 der Titel der Zeitschrift für biologisch-dynamische Landwirtschaft im Demeter-Verband.

[xiii] Tennigkeit, T. and A. Wilkes (2008). Follett, R. and J. Kimble (Eds.) (2000): The large area grazing land occupies, its diversity of climates and soils, and the potential to improve its use and productivity all contribute to its importance for sequestering C and mitigating the greenhouse effect and other conditions brought about by climate change.

[xiv] Neely, C.; Bunning, S. and A. Wilkes (Eds.) (2009).

[xv] Allaby, M. (1998): "Grassland occurs where there is sufficient moisture for grass growth, (…) and is extended by grazing and/or fire to form a plagioclimax in many areas that were previously forested."

[xvi] Bunzel-Drüke, M.; Böhm, C. et al. (2008). Bunzel-Drüke, M. und M. Scharf (2003): S. 81-87. Scheibe, K. M., Hofmann, R. R.; Lindner, U. (1999): S. 164-173.

[xvii] Koenigswald, W. von (2002): S. 14-16.

[xviii] Bunzel-Drüke, M. et al. (2008). Bunzel-Drüke, M. et al. (1994). Bunzel-Drüke, M. et al. (1999). Scheibe, K. M. et al. (1999): S. 164-173.

[xix] Benecke, N. (1994): S. 284 ff.

[xx] Tierärztliche Vereinigung für Tierschutz e.V. (2005). http://www.tierschutz.org/downloads/pdf/merkblaetter_tvt/nutztiere/wasserbueffel-text.pdf.

[xxi] Schoger, C. (2004). http://www.siebenbuerger.de/zeitung/artikel/alteartikel/2869-wasserbueffel-ein-nutztier-mit-zukunft.html.

[xxii] Böhnel, H. (2001): S. 21. http://www.bueffelverband-deutschland.de.

Kapitel 5:

[xxiii] Koenigswald, W. von (2002): S. 62-66 und S. 88-101.

[xxiv] Manning, R. (1995). Flannery, T. (2003). Krasinska, M. und Z. Krasinski (2008).

[xxv] Krasinska, M., Z. Krasinski (2008): S. 45-52. Koenigswald, W. (2002): S. 95-97.

[xxvi] Benecke, N. (1994): S.260-284. Krasinska, M. und Z. Krasinski (2008): pp 48-52.

[xxvii] Manning, R. (1995).

[xxviii] Manning, R. (1995). Flannery, T. (2003). Disney, W. (1955). Picton, H. (2005).

[xxix] Grzimek, B. und M. Grzimek (2009).

[xxx] Bunzel-Drüke, M.; Böhm, C.; Finck, P. et al. (2008): S. 83-91.

[xxxi] Zahlreiche Projekte, z.B. Neil Smith National Wildlife Refuge, Prairie City. http://midwest.fws.gov/nealsmith.

[xxxii] Voisin, A. (1958).

[xxxiii] Klapp, E. (1954): S. 380-400.

[xxxiv] Voisin, A. (1988): S. XV (Übersetzung A.I.).

[xxxv] Voisin, A. (1988): S. XV (Übersetzung A.I.).

[xxxvi] Steinberger, S. et al. (2009). Elsäßer, M.; Jilg, T. und R. Over (2007). Steinwidder, A. und W. Starz (2007). Heißenhuber, A. und M. Zehetmeier (2010).

[xxxvii] Arndt, C. (2009). https://www.ekoconnect.org.

[xxxviii] Heißenhuber, A. (2010).

[xxxix] Wolf, B.; Zheng, X.; Brüggemann, N.; Chen, W.; Dannenmann, M.; Han, X.; Sutton, M. A.; Wu, H; Yao, Z. and K. Butterbach-Bahl (2010).

[xl] Dixon, D. (2010): How Livestock Might Revitalize Degraded Agricultural Lands. http://www.scientificamerican.com/article.cfm?id=how-livestock-might-revitalize-agricultural-lands.

[xli] http://www.savoryinstitute.com/allan-savory.

[i] Poppinga, O. (2009).

[ii] IPCC (2007): pp 497-540. Bellarby, J.; Foereid, B.; Hastings, A. and P. Smith (2008): http://www.greenpeace.org/international/press/reports/cool-farming-full-report.

[i] International Assessment of Agricultural Knowledge, Science and Technology for Development (IAASTD) (2008); vgl. auch Albrecht, S. und A. Engel (2010).

[ii] Schulze 2010; Schulze et al. 2009.

[iii] Idel, A. (2010): S. 8-35.

[iv] IPCC (2007): pp 391-431 and pp 501. http://www.ipcc.ch/pdf/assessment-report/ar4/wg3/ar4-wg3-chapter8.pdf.

[v] Oenema et al (2005); Smith and Conen (2004), zitiert nach IPCC 2007, S. 501.

[vi] Mosier et al. (1998) zitiert nach IPCC (2007), S. 501.

[vii] Ein wesentlicher Teil der Energie wird für den globalisierten Transport der Güter und den Maschineneinsatz sowie für die Dünger- und Pestizidproduktion verbraucht.

[viii] Zwei Milliarden Menschen in der *entwickelten Welt* verbrauchen 70 Prozent der fossilen Energie gegenüber der sich *entwickelnden Welt* mit mehr als vier Milliarden Menschen und einem Verbrauch von 30 Prozent. Pimentel, D. (2009), pp 1-24.

[ix] Die industriellen Tierproduktionssysteme (Industrial animal production systems (IAPSs)) zählen zu den größten Verursachern von direkten und indirekten Klimawirkungen durch Stickstoffverbindungen. Galloway, J. et al. (2010).

[x] Energieaufwand bei der N-Düngerherstellung: 50 MJ/kg N (40-80 MJ/kg N), d.h. etwa 5 kg CO_2 pro kg N. N_2O-Verluste bei der N-Düngeranwendung: 12 kg N_2O pro 1.000 kg. Hellebrand, H. J.; Scholz, V. et al. (2005).

[xi] Auf deutschen Äckern entstehen durchschnittliche Stickstoffüberschüsse von circa 100 kg pro Hektar und Jahr. Trotz dieser Verstöße gegen §6 der Düngeverordnung werden weder Bußgelder verhängt noch eine Stickstoffsteuer eingeführt. Isermeyer, F. (2010).

[xii] Koneswaran G. and D. Nierenberg (2008).

[xiii] *Haber-Bosch-Verfahren:* $N_2 + 3\ H_2 = 2\ NH_3$. Luftstickstoff (N), Wasserstoff (H), Ammoniak (NH_3).

[xiv] The Royal Society (2009): S. 4 und S. 26.

[xv] Guo, L. and R. Gifford (2002); Tilman, D. et al. (2006); Tyson, K. et al. (1990).

[xvi] Vgl. auch Galloway, J. et al. (Eds.) (2010).

[xvii] Nach Schulze (2010) und Schulze, E.D.; Luyssaert, S.; Ciais, P. et al. (2009): pp 842-850 entsteht aufgrund des nicht korrekten N_2O-Emissionsfaktors doppelt bis dreimal soviel Lachgas (N_2O) bei der Stickstoffdüngung, wie üblicherweise kalkuliert wird.

Schulze, E. D. (2010) kritisierte die Subventionspolitik sowie Exporte von Rohstoffen für Biosprit etc. aus Entwicklungsländern, monierte die mangelnde Umsetzung der Düngemittelverordnung und forderte Maßnahmen gegen den Grünlandumbruch.

[xviii] Deutscher Bauernverband (DBV) (Hrsg.) (2010).

[xix] Del Grosso, S. J.; Mosier, A. R. et al (2005). Galloway, J. et al. (Eds.) (2010).

[xx] Schuler, C. (2008).

[xxi] Schulze, E. D.; Luyssaert, S.; Ciais, P. et al. (2009). http://www.carboeurope.org.

[xxii] Schulze, E. D.; Luyssaert, S. et al. (2009). Schulze, E. D. (2010).

[xxiii] Sachverständigenrat für Umweltfragen (SRU) (2009): hier S. 10.

[xxiv] Schulze, E. D. (2010).

[xxv] Schulze, E. D.; Luyssaert, S. et al. (2009). Schulze, E. D. (2010).

[xxvi] Pimentel, D. (2009): pp 1-24.

[xxvii] Zur Erosion meterdicker Prärieböden in den USA: Flannery, T. (2007): S. 331-335.

[xxviii] Franzluebbers, A. and R. Follett (2005): pp 1-8.

[xxix] Ehlers, W. (2000).

[xxx] International Assessment of Agric. Knowledge, Science and Technology for Development (IAASTD) (2008): hier S. 38 und 315. www.agassessment.org. Pollan, M. (2006): S. 65 und 84.

[xxxi] FAO (2009c): S. 2, 9, 12, 43 und 46. http://www.fao.org/docrep/012/i1034e/i1034e00.HTM. ftp://ftp.fao.org/docrep/fao/012/ak341e/ak341e00.pdf, (cereals 2,12; meat 9, 43).

[xxxii] Lundqvist, J.; de Fraiture, C. and D. Molden (2008): S. 9. FAO (2009c): S. 2, 12. ftp://ftp.fao.org/docrep/fao/012/ak341e/ak341e00.pdf, (cereals 2,12; meat 9, 43)

[xxxiii] Lundqvist, J.; de Fraiture, C. and D. Molden (2008): S. 9. FAO (2009c): S. 2, 12. ftp://ftp.fao.org/docrep/fao/012/ak341e/ak341e00.pdf, (cereals 2,12; meat 9, 43).

[xxxiv] Fraiture, C. de, Wichelns, D., Rockström, J. et al. (2007): pp 91-145.

[xxxv] Der Sojaverbrauch der deutschen Tierproduktion beanspruchte 2007 circa 2,8 Millionen Hektar (28.000 qkm); Soja für anschließend exportiertes Rindfleisch belegte circa 160.000 Hektar. Schuler, C. (2008).

[xxxvi] Idel, A. und S. Gura (2008): S. 29-32.

[xxxvii] Vgl. auch Braun, R.; Brickwedde, F.; Held, T. et al. (Hrsg.) (2009); Busse, T. (2010) sowie Gottwald, F-T. und F. Fischler (Hrsg.) (2007).

[xxxviii] Grefe, C. (2009).

[xxxix] Hessisches Landesamt (Hrsg.) (2003). Vgl. Bayer. Staatsministerium (Hrsg.) (o.J.).

Kapitel 6

[i] http://www.bfr.bund.de/cm/238/das_risi_kuh_laby_rind.pdf.

[ii] Steinfeld et al. (2006).

[iii] Steinfeld. H. (2009). Flachowsky, G. und W. Brade (2007).

[iv] Steinfeld, H. (2009), Schulze, E.D. et al. (2009). Schulze, E.D. (2010). Galloway, J. et al. (Eds.) (2010).

[v] Vgl. Postler, G. (2002), S. 20-61. Haiger, A. (2005): S. 47-117.

[vi] Eine weitere Berufskrankheit moderner Hochleistungskühe sind Verlagerungen des Labmagens, für die auch fütterungsbedingt hohe Insulinkonzentrationen verantwortlich gemacht werden.

[vii] Eigene Darstellung.

[viii] Hinzu kommt in manchen Ländern die Tötung männlicher Kälber der Hochleistungsmilchrassen wegen mangelnder Wirtschaftlichkeit. Vgl. auch Kampschulte, J. (2009).

[ix] Flachowsky, G. (2010); Flachowsky, G. und W. Brade (2007).

[i] Flachowsky, G. (2010).

[ii] http://www.lk-wl.de/riswick/versuche/neuer-milchviehstall.htm

[iii] Zugrunde lag eine problematische Interpretation einer Studie des Instituts für ökologische Wirtschaftsforschung (IÖW): Hirschfeld, J.; Weiß, J.; Preidl, M. und T. Korbun (2008). Zur kritischen Bewertung dieser Studie vgl. Weiler, V. (2008).

[iv] Goodland, R. and J. Anhang (2009).

[v] Asner and Arcer (2010, S. 73, Tab 5.1). in: Steinfeld, H. et al. (Eds.) (2010).

Kapitel 7:

[i] Zusätzliche Seitenzahlen historischer Quellen dieses Kapitels: info@anita-idel.de.

[ii] Jankuhn, H. (1989), S. 157.

[iii] Idel, A. (1999): S. 35-44.

[iv] Huber, F. (1988): S. 139.

[v] Schulze, E. (1995): S. 61.

[vi] Vogtherr, H-J. (1986): S. 63.

[vii] Wiese, H. und J. Bölts (1966): S. 211.

[viii] Schulze, E. (1995): S. 61. S. 61-63, S. 70, S. 72 und S. 79.

[ix] Vasold, M. (1991).

[x] „Allermassen muss dass Fundament dess Ackerbauwess auf der Bemistung undt also auf dem Viehe bestehen." Jeweils zitiert nach Soom, A. (1954).

[xi] Riemann, K-F. (1953): S. 9, 40-42, 46 und 64. Schulze, E. (1995): S. 70-74.

[xii] Luke, K. (1989): S. 114.

[xiii] Huber, F. (1988): S. 9.

[xiv] Froehner, R. (1954): S. V-VI.

Kapitel 8:

[i] Zusätzliche Seitenzahlen historischer Quellen dieses Kapitels: info@anita-idel.de.

[ii] Vgl. Wirths, F. (2010). Vgl. http://www.animals-angels.de.

[iii] Westermann, E. (Hrsg.): (1979).

[iv] Hill, Th., Zich, B.; Müller, M. J. et al. (2002): http://www.ochsenweg-ev.de.

[v] Däubler, P. (2009): S. 45-48. Zepf, V. (2009): S. 49-53.

[vi] Hilpert, M. und D. Wörner (Hrsg.) (2009). www.oxenweg.net.

[vii] Westermann, E. (2008): S. 137-183.

[viii] Gijsbers, Wilma (1999).

[ix] Schöller, R. (2003); Dalhede, C. (1992); Westermann, E. (2008); Schirmer, U. (1996); Grillmaier, A. (2009); Huber, M. (2009); Däubler, P. (2009); Zepf, V. (2009); Ferenc, G. (2009); Liebhardt, W. (2009).

[x] Sambraus, H. (1999): S. 65.

[xi] Westermann, E. (2008): S. 137 -183. Schirmer, U. (1996): S. 259-282.

Kapitel 9:

[i] BfN (2009). Vgl auch Nitsch, H. et al. (2010).

[ii] Conant, R.T. et al. (2005): S. 239-248.

[iii] Sousanna, J.F. et al. (2007).

[iv] Taube, F. (2009).

Kapitel 10:

[i] Neely, C.; Bunning, S. and A. Wilkes (Eds.) (2009).

[ii] UN Integrated Regional Information Networks (IRIN) (2007): 13. Juli 2007; http://www.worldpress.org/Africa/2861.cfm.

[iii] Rifkin, J. (1994): hier S. 167-187.

[iv] Mortimore, M. et al. (2009).

[v] Neely, C.; Bunning, S. and A. Wilkes (Eds.) (2009).

[vi] Mortimore, M. et al. (2009).

[vii] Mortimore, M. et al. (2009).

[viii] Banzhaf, M.; Drabo, B. and H. Grell (2000).

Grell, Hermann (1993). Winckler, G.; Rochette, R. et al. (1995).

[ix] International Assessment of Agricultural Knowledge, Science and Technology for Development (IAASTD) (2008): hier S. 176.

[x] Maryam Niamir-Fuller, persönliche Mitteilung in Ouagadougou am 28.03.1997.

[xi] Maryam Niamir-Fuller, persönliche Mitteilung: 20. März 1999, Ouagadougou.

[xii] Vergleiche: S. Helfrich und Heinrich-Böll-Stiftung (Hrsg.) (2009).

[xiii] LPP, LIFE Network, IUCN-WISP and FAO (2010). Forum für Umwelt und Entwicklung (2002). http://www.forum-ue.de/fileadmin/userupload/publikationen/aglw_2002_livestockdiversity.pdf.

[xiv] http://www.venro.org/fileadmin/Publikationen/arbeitspapiere/arbeitspapier_07.pdf.

[xv] De Jode (2010).

[xvi] Köhler-Rollefson, I. (2004):

http://www.pastoralpeoples.org/docs/livestockkeepersrights_de.pdf.

[xvii] Idel, A. (2008). Idel, A. (2009a): S. 221-227. Idel, A. (2009b): S. 156-163. Mortimore, M. (2009).

[xviii] Nassef, M.; Anderson, S. und C. Hesse (2009). Mortimore, M. et al. (2009).

[xix] Nori, M. and J. Davies (2007).

[xx] Nori, M. and J. Davies (2007).

[xxi] Mortimore, M. et al. (2009). Nassef, M.; Anderson, S. und C. Hesse (2009).

[xxii] Starkey, P. and P. Kaumbutho (1999), Ramaswamy, N.S. and C.L. Narasimhan (1984).

[xxiii] Ghotje, N. (2010): Mündliche Mitteilung der Geschäftsführerin von ANTHRA am 1. März 2010. http://www.anthra.org. Koehler-Rollefson, I. and H.S. Rathore (2005). Idel (1999).

[xxiv] Lensch, J. (1987).

[xxv] Jones, P. (2009); Gothje, N. (2010).

[xxvi] Jones, P. (2009).

Kapitel 11:

[i] http://www.hirtenzug.eu. Antragsskizze unter www.trunpa.eu.

[ii] Poschlod, P. und Bonn, S. (1998): 27-44.

[iii] Fischer, S.; Poschlod, P. und B. Beinlich (1996): pp 1206-1222.

Bonn, S. und P. Poschlod (1998). Neugebauer, K.; Beinlich, B. und P. Poschlod (2005).

[iv] Kratochwil, A. und A. Schwabe (2001). Manzano, P. und J. Malo (2006): 244-248.

[v] Behnecke, N. (1994): S. 228.

[vi] Thuiller, T.; Lavorel, S.; Araújo, M. et al. (2005): pp 8245-8250.

[vii] Idel, A. (2008).

[viii] Böhm, M.; Hacker, H.; Heimrath, R. et al. (Hrsg.) (2003): S. 45-90.

Flad, M. (1987).

[ix] Jacobeit, W. (1987).

[x] BUND (2010): 2010 standen im Agrarhaushalt 40 Mrd. Euro für Direktzahlungen (1. Säule) und für Umweltmaßnahmen (2. Säule) nur 14 Mrd. Euro zur Verfügung.

[xi] http://www.qpnw.de/hirtenzug_erreicht_niedersachsen.html.

[xii] http://berichte.bmelv-statistik.de/SJT-3101700-0000.pdf.

[xiii] Schäferin Heike Griem, persönliche Mitteilung am 30. August 2010.

[xiv] www.g-e-h.de.

[xv] Sambraus, H. (1999): S. 257-321.

[xvi] http://www.filzzauber.de/schaf.htm.

Kapitel 12:

[i] Kasthofer (1818); Muralt (1715); Haller (1768) – nach Bienerth, M. (2010), S. 18-19.

[ii] Weltmeisterlicher Käse: Gut für Gaumen und Gemeinde bioaktuell 4/10 5.

[iii] Verhaag, B. (2005): http://www.denkmal-film.com/.

[iv] http://www.schweizerbauer.ch/htmls/artikel_7015.html.

[v] Weltmeisterlicher Käse: Gut für Gaumen und Gemeinde bioaktuell 4/10 5.

[vi] http://www.bionetz.ch/news/hintergrund/2006/bground202.htm.

[vii] Ivemeyer, S.; Maeschli, A.; Walkenhorst, M. et al. (2008).

[viii] http://www.kagfreiland.ch/kagfreiland.asp?lv1=30&lv2=40.

[ix] Bienerth, M. (2003): S. 9.

[x] *Bündner Bergkäse* wird laut Standardrezept aus thermisierter Milch hergestellt.

Kapitel 13:

[i] Sambraus, H. (1999): S. 84-85.

Bunzel-Drüke, M.; Böhm, C.; Finck, P. et al. (2008): S. 81-91.

[ii] *Hof am Mühlenbach:* www.lodmannshagen.de.

[iii] Brackmann, M. (1999): S. 64-67.

[iv] Dort stand inzwischen viel Grünland unter Naturschutz. Vgl. Succow, M. (2000). http://www.nabu.de/nh/300/bilanz300.htm.

[v] http://www.neuland-fleisch.de/verbraucher/warum-ist-neuland-so-besonders.html.

[vi] Sambraus, H.(1999): S. 79. Brackmann, M. (1999): S. 107-110.

Kapitel 14:

[i] Sambraus, H. (1999): S. 208-214, S. 214-224 und S. 165-174.

[ii] *Gesellschaft zur Erhaltung Alter und vom Aussterben bedrohter Haus- und Nutztierrassen* (GEH). http://www.g-e-h.de/geh-rind/murnau.htm.

[iii] Sambraus, H. (1999): S. 62.

[iv] Hudson-Wiedenmann, U. und A. Idel (2009): S. 90-93.

[v] http://www.slowfood.de/arche_des_geschmacks.

[vi] http://www.murnauwerdenfelser.de/index.php?id=18.

Kapitel 15:

[i] Smith, B. (1998). Siehe auch http://stockmanship.com/.

[ii] www.stockmanship.de; www.zempow.de.

[iii] http://www.stockmanship.de/Bilder/Die%20Gruene%20Stockmanship% 2008-6.pdf.

[iv] W. Schatz ist Technischer Aufsichtsbeamter bei der LSV Franken und Oberbayern.

Kapitel 16:

[i] Zusätzlich erhalten sie im Winter die so genannte *Minerallecke*, die zur besseren Verdaulichkeit des Futters in der Trockenzeit auch Harnstoff enthält.

[ii] *E. F.* erwarben im Rahmen der Landreform ganze Farmen durch zinsgünstige Darlehen der Landbank oder pachteten Teilfarmen langfristig vom Staat.

[iii] Poland, M.; Hammond-Tooke, D. und L. Voigt (2005).

[i] www.stockmanship.com.

[ii] Vgl. Isele, J. (2008).

Kapitel 17:

[i] Sambraus, H. (2006). Bunzel-Drüke, M.; Böhm, C.; Finck, P. et al. (2008): S. 91-93.

[ii] http://daten2.verwaltungsportal.de/dateien/seitengenerator/modelldorf_hirschfelde_geschaeftsmodell_0310kurz.pdf.

[iii] www.pronatura-aargau.ch.

Kapitel 18:

[i] http://www.herrmannsdorfer.de/content.php?mid=02&sid=01.

[ii] http://www.uibk.ac.at/berglandwirtschaft/de/idl/lehrbriefe/lb12/lehrbrief_12.2.pdf.

[iii] http://www.schweisfurth.de/index.php?id=96&backPID=897&tt_news=630.

[iv] http://www.huehnermobil.de.

[v] http://www.herrmannsdorfer.de/content.php?mid=08&sid=15.

Kapitel 19:

[i] TierSchlV vom 03. März 1997 (BGBI I S 405) Anlage 3 (zu § 13 Abs. 6).

[ii] Maier, H. (2009): S. 161-168.

[iii] Frigga Wirths, persönliche Mitteilung am 15.9.2010. Vgl. Wirths, F. (2010): S. 11-12.

[iv] Klaus Tröger in: http://frontal21.zdf.de/ZDFde/download/0,6753,7015302,00.pdf.

[v] Abeln, G. (2010): S. 8-10.

[vi] www.bsi-schwarzenbek.de.

[vii] www.innovative-schlachtsysteme.de.

[viii] http://www.uria.de/index.php?idcat=1.

Kapitel 20:

[i] Postler, G. (2002).

[ii] Idel. A. (2008). Vgl. IÖW, Öko-Institut, Schweisfurth-Stiftung, FU-Berlin, LAGS (Hrsg.) (2004). Vgl. die Fallstudie zum Rind unter http://www.agro biodiversitaet.net.

[iii] Vgl. Hülsbergen, H.-J. (2008); Rahmann, G. et al. (2008); Mäder, P.; Fliess-bach, A.; Dubois, D. et al. (2002).